Lecture Notes in Mathematics

Edited by A. Dold and B. Eckmann

1219

Rainer Weissauer

Stabile Modulformen und Eisensteinreihen

Springer-Verlag
Berlin Heidelberg New York London Paris Tokyo

Autor

Rainer Weissauer
Mathematisches Institut, Universität Heidelberg
Im Neuenheimer Feld 288, 6900 Heidelberg, Federal Republic of Germany

Mathematics Subject Classification (1980): 10-XX

ISBN 3-540-17181-9 Springer-Verlag Berlin Heidelberg New York
ISBN 0-387-17181-9 Springer-Verlag New York Berlin Heidelberg

CIP-Kurztitelaufnahme der Deutschen Bibliothek. Weissauer, Rainer: Stabile Modulformen und Eisensteinreihen / Rainer Weissauer. – Berlin; Heidelberg; New York; London; Paris; Tokyo: Springer, 1986. (Lecture notes in mathematics; 1219)
ISBN 3-540-17181-9 (Berlin ...)
ISBN 0-387-17181-9 (New York ...)
NE: GT

Printed in Germany

Printing and binding: Druckhaus Beltz, Hemsbach/Bergstr.
2146/3140-543210

INHALTSVERZEICHNIS

1 Introduction 1

2 Stabile Modulformen 7

3 Differentialoperatoren 23

4 Automorphe Formen 45

5 Hyperebenen 51

6 Eisensteinreihen 59

7 Eisensteinreihen vom Klingenschen Typ 68

8 Ableitungen der Klingenschen Eisensteinreihen 80

9 Polstellen der Eisensteinreihen 84

10 Der Grenzfall $k = \frac{n+j+1}{2}$ 97

11 Das holomorphe diskrete Spektrum von $L^2(\Gamma_n \backslash G)$ 108

12 Der Operator $M(\rho, s)$ 112

13 Stabile Liftungen 123

14 Die Siegelschen Eisensteinreihen 131

Literaturverzeichnis 142

Symbolverzeichnis 144

Schlagwortindex 146

1 INTRODUCTION

The central theme of this book is the so called Siegel Φ–operator arising in the theory of Siegel modular forms.

Is F a holomorphic modular form of weight k on Siegel's upper half space

$$\mathbf{H}_n = \left\{ Z = Z^{(n)} = Z' : Im(Z) > 0 \right\}$$

of degree n, then the Φ–operator given by $(\Phi F)(Z) = \lim_{t \to i\infty} F\left(\begin{smallmatrix} Z & 0 \\ 0 & t \end{smallmatrix}\right)$ defines another modular form ΦF of the same weight on Siegel's upper half space of degree one less. If the weight is large enough every modular form of even weight on $\mathbf{H}_{n-1}$ can be obtained in this way. This was shown first by Maaß using the theory of Poincaré series [26] and then later by Klingen [16] using Eisenstein series.

For this one usually has to define Eisenstein series of the following type

$$G(Z) = \sum_M g(\pi(M(Z))) \det(CZ + D)^{-k} \quad ,$$

where g is a cuspform on $\mathbf{H}_j$ of weight k. Here π denotes the projection of $\mathbf{H}_n$ on $\mathbf{H}_j$, which maps a matrix Z to its upper j by j submatrix. Finally $M(Z) = (AZ + B)(CZ + D)^{-1}$ denotes the action of a symplectic matrix $M = \left(\begin{smallmatrix} A & B \\ C & D \end{smallmatrix}\right)$ on elements of upper half space $\mathbf{H}_n$. The summation of the Eisenstein series is running over a system of representatives M of a coset in the Siegel modular group with respect to a suitable subgroup. If this sum converges absolutely and locally uniformly, then the Eisenstein series $G(Z)$ defines a holomorphic modular form on $\mathbf{H}_n$ of weight k. Applying the Φ–operator $n - j$ times leads to the formula $\Phi^{n-j} G = g$.

In order to guarantee convergence, the weight k has to be large. The precise condition is $k > n + j + 1$. Especially this shows that every modular form of even weight $k > 2n$ on $\mathbf{H}_{n-1}$ is a Φ–image of a modular form on $\mathbf{H}_n$ of same weight. Compare Klingen [16] or Freitag [11].

For some applications such as, for instance, the theory of Satake compactification this information is enough. Studying questions of stability with respect to the Φ–operator (a question that will be motivated later) however will automatically lead to small weights $k \leq 2n$. To handle the cases of small weights requires the method of Hecke summation. This was first introduced by Hecke in the theory of elliptic modular forms. The idea is to introduce additional factors of convergency in the Eisenstein series

$$G(Z, s) = \sum g(\pi(M(Z))) \det(CZ + D)^{-k} \left(\frac{\det(Im(\pi(M(Z))))}{\det(Im(M(Z)))} \right)^{-s} \quad .$$

This modified sum converges for complex variable s with $\Re(s)$ large enough. The decisive point is that $G(Z,s)$ has a meromorphic continuation to the complex s plane. This is not a trivial fact and was first proved by Langlands [21] in the more general framework of the theory of Eisenstein series on semisimple Lie groups.

In analogy to the properties of the function $G(Z)$ there are several natural questions:

1) Is the function $G(Z,s)$ regular at $s=0$ for all Z?

If this is the case we say that the Eisenstein series $G(Z)$ has Hecke summation and we define $G(Z)=G(Z,0)$. This leads to the following questions:

2) Is $G(Z)$ a holomorphic modular form?

and furthermore

3) Does $\Phi^{n-j}G=g$ hold?

A slightly weaker version is

4) For given $\tilde{g}$ does there exist a g such that $\Phi^{n-j}G=\tilde{g}$ holds?

These notes are devoted to study these questions. Let us look at some special cases first.

That the answer to the questions above is not always positive, is well known and easy to see in the classical case where g is constant and $j=0$. Already this case is quite interesting. For even weights k one obtains the Eisenstein series

$$E_k^{(n)}(Z,s)=\sum_{C,D}\det(CZ+D)^{-k}\frac{\det(Im(Z))^s}{|\det(CZ+D)|^{2s}}\ .$$

These series converge without Hecke summation for weights $k>n+1$. The first nontrivial case of Hecke summation therefore occurs for $k=n+1$.

As a classical example in the theory of elliptic modular forms i.e. ($n=1$) Hecke summation is defined for weight $k=2$ and produces a **nonholomorphic** modular form $E_2(Z)$.

The first example for higher genus n is due to Raghavan [29]. He showed that for $n=3$ the Eisenstein series $E_4^{(3)}(Z,s)$ is regular at $s=0$ and defines now a holomorphic modular form in contrast to the case $n=1$. This observation for the boundary weights $k=n+1$ was confirmed later independently by Shimura [30] and Weissauer [34] for all $n>1$, for which $n+1$ is even.

Beside that the only further known result seemed to be that for $n\geq 3$ and weight $k=2$. Hecke summation is defined and gives a holomorphic form $E_2^{(n)}(Z,0)$ which actually vanishes identically. This was shown by Christian [6].

In these notes the behavior of $E_k^{(n)}(Z,s)$ at $s=0$ will be answered in a essentially complete form. Especially it will be shown that for positive weights Hecke summation is always defined. Furthermore the method of Hecke summation always produces holomorphic modular forms except maybe for the two irregular cases $k=\frac{n+2}{2}$ and $k=\frac{n+3}{2}$ The so defined modular form $E_k^{(n)}$ does not vanish if $k>\frac{n+3}{2}$ or if $k\equiv 0(4)$ and $k\leq\frac{n+1}{2}$.

These results occur as special cases of more general results on the Eisenstein series $G(Z,s)$ attached to arbitrary cuspforms g on Siegel half spaces $\mathbf{H}_j$. In that case one shows that $G(Z)$ is defined by Hecke summation for weights $k>\frac{n+j+3}{2}$. Again $G(Z)$ is holomorphic in that case and $\Phi^{n-j}G=g$ holds.

Quite generally the first obstruction for lifting a cuspform g with respect to the Φ–operator from $\mathbf{H}_j$ to $\mathbf{H}_n$ occurs at weight $k=\frac{n+j+3}{2}$. Though Hecke summation is defined in that case is does not produce holomorphic modular forms in general. The precise lifting obstruction will be given by a certain space of vector valued modular forms (cf. Satz 13). This may be explained best in case $j=0$. The critical weight is $k=\frac{n+3}{2}$ in that case. The obstruction for $E^{(n)}_{\frac{n+3}{2}}(Z)$ to be holomorphic is a certain subspace $[\Gamma_n,\frac{n-1}{2}]_n$ of the space $[\Gamma_n,\frac{n-1}{2}]$ of holomorphic modular forms of weight $\frac{n-1}{2}$ on $\mathbf{H}_n$. Granting that fact one can reformulate this statement in a simpler fashion: $E^{(n)}_{\frac{n+3}{2}}$ is holomorphic if and only if the weight $\frac{n+3}{2}$ is divisible by 4.

This comes from the fact that every Siegel modular form of weight $k\leq\frac{n-1}{2}$ and $k\not\equiv 0(4)$ on $\mathbf{H}_n$ vanishes. More precisely we have that the dimension of $[\Gamma_n,\frac{n-1}{2}]_n$ is either zero or one depending on wether $k\not\equiv 0(4)$ or not.

Another critical weight is the weight $k=\frac{n+j+1}{2}$. Hecke summation is defined and gives a holomorphic modular form. Nevertheless the resulting modular form may vanish identically in that case. This depends on the sign of a functional equation. For $j=0$ it reduces again to the question wether $k=\frac{n+1}{2}$ is divisible by 4 or not.

For weights $k<\frac{n+j+1}{2}$ we use Hecke summation in a modified form. Instead of evaluating $G(Z,s)$ at $s=0$ we specialize s at another value s_0 (related to $s=0$ by a functional equation). The good candidates for this modified Hecke summation are the functions $G(Z)=\operatorname*{Res}_{s=s_0}G(Z,s)$ where s_0 is suitably chosen as explained above. There are several reasons to modify the procedure of Hecke summation for weights $k<\frac{n+j+1}{2}$. One of these is easily explained. The functions $G(Z)$ so defined are always holomorphic. Without being too precise at the moment it can be said that the lifting behaviour of a cuspform g for the weight $k<\frac{n+j+1}{2}$ under consideration very much depends on the poles and zeros of certain L-functions attached to g. These L-functions were first defined by Langlands [23]. Related to these L-functions there are a number of open questions. Recently it was shown by Piateckii–Shapiro and Rallis that these L-functions have a functional equation. Special cases were treated by Andrianov und Kalinin [1]. It should be mentioned finally that the results and methods of this book depend strongly on the Langlands theory of Eisenstein series and spectral decomposition.

One of the main motivations to study the analytically continuated Eisenstein series and the question of Φ-liftings in this book is the theory of stable modular forms. A modular form g of weight k on $\mathbf{H}_j$ is called stably liftable if for every $n > j$ there exists a holomorphic modular form G of weight k on $\mathbf{H}_n$ such that $\Phi^{n-j}G = g$ holds. Now it was proved by Freitag [10] that the space of stably liftable modular forms precisely coincides with the subspace spanned by theta series. As applications of the theory of liftings and the study of Eisenstein series one therefore obtains results on representations of arbitrary modular forms by theta series. Thus the theory of Eisenstein series sheds considerable light on the theory of cuspforms, which is a rather surprising fact.

Even if one is interested only in the case of scalar modular forms, it seems to be useful to deal with arbitrary vector valued modular forms. This includes the cases of vector valued liftings of scalar modular forms. As shown by Freitag [8] theta series attached to pluriharmonic polynomials can be characterized as stably liftable modular forms for vectorvalued liftings. Precisions on that can be found in chapter one. Considering vectorvalued modular forms will also become necessary if we want to free ourselves from the restriction to the cases of even weights.

Without going further into details let me finally describe the results on stable modular forms thus obtained. Let S denote symmetric, positive unimodular even matrices of rank m. This means that the quadratic forms $S[x] = \sum S_{ij}x_ix_j$ attached to S is positive definite and has even integral value for all $x \in \mathbb{Z}^m$. Matrices S of that type exist if and only if m is divisible by 8.

A pluriharmonic form with respect to a rational representation (V_ρ, ρ) of the group $Gl_n(\mathbb{C})$ is a polynomial map P from the space of complex $m \times n$ matrices to the vectorspace V_ρ, such that

$$\sum_{i=1}^{m} \frac{\partial}{\partial x_{ij}} \frac{\partial}{\partial x_{ik}} P = 0$$

and $\det(g)^{\frac{m}{2}} P(xg) = \rho(g')P(x)$ holds for all $g \in Gl_n(\mathbb{C})$.

Let us consider pairs (S, P) where P is a pluriharmonic form and S a quadratic form as defined above. To such a pair we attach the theta series

$$\vartheta_{S,P}(Z) = \sum_{\substack{G=G^{(m,n)} \\ \text{integral}}} P(S^{\frac{1}{2}}G)e^{\pi i \operatorname{Spur}(G'SGZ)}$$

which converges for all $Z \in \mathbf{H}_n$. This theta series has the transformation property $\vartheta_{S,P}(M(Z)) = \rho(CZ+D)\vartheta_{S,P}(Z)$ for all modular substitutions $M = \begin{pmatrix} A & B \\ C & D \end{pmatrix}$ from the Siegel modular group $\Gamma_n = Sp_{2n}(\mathbb{Z})$. Hence they define certain vector valued Siegel modular forms.

Notation:

1) $[\Gamma_n, \rho]$: vectorspace of all holomorphic modular forms on $\mathbf{H}_n$ with respect to the irreducible representation (V_ρ, ρ).

2) $B_{n,\rho}(m)$: subspace of $[\Gamma_n, \rho]$ of all finite sums of theta series $\vartheta_{S,P}$ attached to positive, even, unimodular quadratic forms $S = S^{(m)}$ and pluriharmonic forms P belonging to the representation (V_ρ, ρ).

The subspace $B_{n,\rho}(m)$ is zero if $m \not\equiv 0(8)$. Let $k(\rho) \in \mathbb{N}$ be the weight of the irreducible representation ρ. If $m > 2k(\rho)$ then again $B_{n,\rho}(m)$ vanishes. The main results on theta series derived from the theory of stable liftings are

I) For increasing m with $m \equiv 0(8)$ and $m \leq 2k(\rho)$ the subspaces define an increasing filtration

$$0 \subseteq B_{n,\rho}(8) \subseteq B_{n,\rho}(16) \subseteq \ldots \subseteq [\Gamma_n, \rho] \quad .$$

II) Let $[\Gamma_n, \rho]_0$ denote the subspace of cuspforms in $[\Gamma_n, \rho]$. Then

$$[\Gamma_n, \rho]_0 \subseteq B_{n,\rho}(m)$$

holds if $4n + 8 \leq m \leq 2k(\rho)$ and $m \equiv 0(8)$ holds.

Both properties I and II are not trivial. As an application of I one obtains a representation of the Schottky relation as a theta series with harmonic coefficients. The result II is a representation theorem which says that every cuspform of weight large enough is a linear combination of theta series (of a certain type depending on m). In the case where $m = 2k(\rho)$ and where of course also $m \geq 4n + 8$ and $m \equiv 0(8)$ holds II can be replaced by the equalitiy $B_{n,\rho}(m) = [\Gamma_n, \rho]$. More details can be found in chapter one.

In the theory of elliptic modular forms such representation theorems are well known and studied for quite some time. A corresponding result on Siegel modular forms was first obtained by Böcherer [3]. Böcherer deals with the case of scalar modular forms of weight $k \equiv 0(4)$ using a modification of a method of Waldspurger developped in the case of elliptic modular forms. The above mentioned representation theorems generalize the results of Böcherer.

Finally let me mention that the methods described above permit a characterization of theta series by properties of their L-functions (Satz 14 and Satz 15). Another application gives a generalization of Klingen's decomposition theorem on the space of modular forms [16].

2 STABILE MODULFORMEN

Sei $\mathbf{H}_n$ die Siegelsche obere Halbebene vom Grad n. Γ_n die Siegelsche Modulgruppe und (V, ρ) eine endlich dimensionale Darstellung der Gruppe $Gl_n(\mathbb{C})$ auf einem komplexen Vektorraum V. Eine holomorphe Funktion $f : \mathbf{H}_n \longrightarrow V$ heißt **Modulform zur Darstellung** ρ, falls für alle Substitutionen $\begin{pmatrix} A & B \\ C & D \end{pmatrix}$ aus $\Gamma_n = Sp_{2n}(\mathbb{Z})$ gilt

$$f((AZ+B)(CZ+D)^{-1}) = \rho(CZ+D)f(Z) \quad .$$

Im Fall $n = 1$ fordert man zusätzlich noch die Holomorphie von $f(Z)$ in den Spitzen. Der Vektorraum aller Modulformen zur Darstellung ρ wird mit $[\Gamma_n, V, \rho]$ bezeichnet.

Jede mit der Operation von $Gl_n(\mathbb{C})$ verträgliche Abbildung von (V_1, ρ_1) nach (V_2, ρ_2) induziert eine lineare Abbildung von $[\Gamma_n, V_1, \rho_1]$ nach $[\Gamma_n, V_2, \rho_2]$. Eine Zerlegung $V \xrightarrow{\sim} \oplus V_i$ der Darstellung (V, ρ) in Komponenten (V_i, ρ_i) liefert eine analoge Zerlegung

$$[\Gamma_n, V, \rho] \xrightarrow{\sim} \bigoplus [\Gamma_n, V_i, \rho_i] \, .$$

Die größte ganze Zahl k derart, daß $\rho \otimes \det^{-k}$ eine polynomiale Darstellung ist, heißt **Gewicht** $k(\rho)$ der Darstellung ρ. Falls die Darstellung (V, ρ) irreduzibel und $k(\rho) < 0$ ist, zeigt man leicht $[\Gamma_n, V, \rho] = 0$.

Die Isomorphieklassen irreduzibler rationaler Darstellungen der Gruppe $Gl_n(\mathbb{C})$ werden durch **Höchstgewichte** beschrieben. Zu jeder irreduziblen Darstellung (V, ρ) gibt es einen eindeutig eindimensionalen Unterraum $\mathbb{C}\, v_\rho$ von V derart, daß für alle oberen Dreiecksmatrizen in $Gl_n(\mathbb{C})$ gilt

$$\rho \begin{pmatrix} a_{11} & & * \\ & \ddots & \\ 0 & & a_{nn} \end{pmatrix} v_\rho = \prod_{i=1}^{n} a_{ii}^{\lambda_i} v_\rho \quad .$$

Ein solcher Vektor v_ρ heißt Höchstgewichtsvektor von (V, ρ) und das Tupel ganzer Zahlen $(\lambda_1, ..., \lambda_n)$ ist das Höchstgewicht der Darstellung ρ. Notwendigerweise gilt $\lambda_1 \geq \lambda_2 \geq \ldots \geq \lambda_n$. Umgekehrt gibt es zu jedem solchen Tupel ganzer Zahlen $\lambda_1 \geq \ldots \geq \lambda_n$ eine irreduzible rationale Darstellung der Gruppe $Gl_n(\mathbb{C})$ mit diesem Höchstgewicht.

Bezeichnung: Wir schreiben $\rho \sim (\lambda_1, \ldots, \lambda_n)$ falls ρ eine Darstellung mit dem Höchstgewicht $(\lambda_1, \ldots, \lambda_n)$ ist. Das Gewicht $k(\rho)$ einer Darstellung $\rho \sim (\lambda_1, \ldots, \lambda_n)$ ist gerade $k(\rho) = \lambda_n$.

Ist $f(Z)$ eine holomorphe Modulform zur Darstellung ρ auf $\mathbf{H}_n$, dann definiert

$$(\Phi^r f)(Z) = \lim_{t\to\infty} f\begin{pmatrix} Z & 0 \\ 0 & itE \end{pmatrix} \quad , \quad Z \in \mathbf{H}_{n-r} \; , \; E = E^{(r,r)}$$

eine holomorphe Funktion auf $\mathbf{H}_{n-r}$ mit Werten in V. Sei V' der von den Werten von $\Phi^r f$ erzeugte Untervektorraum von V. Der Unterraum V' ist invariant unter den Substitutionen

$$\rho\begin{pmatrix} g & 0 \\ 0 & E^{(r,r)} \end{pmatrix} \quad , \quad g \in Gl_{n-r}(\mathbb{C}) \quad .$$

Wir nehmen an $V' \neq 0$. Man erhält dann eine Darstellung ρ' der Gruppe $Gl_{n-r}(\mathbb{C})$ auf V'. Aus dem Transformationsverhalten der Modulform f folgt, daß $\Phi^r f$ eine Modulform zur Darstellung ρ' auf $\mathbf{H}_{n-r}$ ist. Der Operator Φ^r definiert daher eine Abbildung

$$\Phi^r : [\Gamma_n, V, \rho] \longrightarrow [\Gamma_{n-r}, V', \rho'] \quad ,$$

den verallgemeinerten **Siegelschen Φ-Operator**. Es gilt $\Phi^r \circ \Phi^s = \Phi^{r+s}$.

Wir nehmen nun an, die Darstellung (V, ρ) sei irreduzibel. In [33] wurde gezeigt, daß dann auch (V', ρ') irreduzibel ist und das Höchstgewicht $(\lambda_1, \ldots, \lambda_{n-r})$ besitzt. Außerdem ist dann V' der Raum der bezüglich

$$(1) \qquad \rho\begin{pmatrix} E^{(r',r')} & X^{(r',r)} \\ 0 & E^{(r,r)} \end{pmatrix} \; , \; X^{(r',r)} \in M_{r',r}(\mathbb{C}) \; , \; r' = n - r$$

invarianten Vektoren in V.

Für jedes Höchstgewicht $(\lambda_1, \ldots, \lambda_n)$ fixieren wir eine irreduzible Darstellung (V_ρ, ρ) mit $\rho \sim (\lambda_1, \ldots, \lambda_n)$. Für diese Darstellung schreiben wir

$$[\Gamma_n, V_\rho, \rho] = [\Gamma_n, \rho] \; .$$

Nach Wahl eines Isomorphismus $(V', \rho') \xrightarrow{\sim} (V_{\rho'}, \rho')$ definiert der Operator Φ^r eine Abbildung

$$\Phi_{\rho\to\rho'} : [\Gamma_n, \rho] \xrightarrow{\Phi^r} [\Gamma_{n-r}, (V_\rho)', \rho'] \xrightarrow{\kappa} [\Gamma_{n-r}, \rho'] \quad ,$$

welche wir manchmal der Einfachheit halber auch mit Φ^r bezeichnen. Es gilt

$$\Phi_{\rho\to\rho'} \circ \Phi_{\rho'\to\rho''} = c\Phi_{\rho\to\rho''}$$

für eine Konstante $c \neq 0$, welche von der Wahl der Identifikationen κ abhängt.

Wir setzen

$$M_n = \bigoplus_\rho [\Gamma_n, \rho] \quad , \ n \geq 1$$

wobei ρ alle Isomorphieklassen von irreduziblen rationalen Darstellungen von $Gl_n(\mathbb{C})$ durchläuft, und $M_0 = \mathbb{C}$ für $n = 0$. Nach Wahl eines Systems von Identifikationen κ erhält man eine Abbildung

$$\Phi_{n,n-1} = \bigoplus_\rho \Phi_{\rho \to \rho'}$$

$$\Phi_{n,n-1} : M_n \longrightarrow M_{n-1} \quad .$$

Der **Raum der stabilen Modulformen** M_∞ ist der projektive Limes

$$M_\infty = \varprojlim M_n$$

der Räume M_n bezüglich der Abbildungen $\Phi_{n,n-1}$.

Die Graduierung auf M_n bezüglich ρ induziert in naheliegender Weise eine Graduierung von M_∞. Ein homogen graduiertes Element $\mathbf{f}$ von M_∞ ist gegeben durch eine Sequenz $\mathbf{f} = (f^{(0)}, f^{(1)}, \ldots)$ mit $f^{(i)} \in [\Gamma_i, \rho^{(i)}]$ zu irreduziblen Darstellungen $\rho^{(i)}$, welche die Bedingung $\Phi_{\rho(i) \to \rho(i-1)} f^{(i)} = f^{(i-1)}$ erfüllen. Sei $\mathbf{f} \neq 0$. Dann ist die Folge der Gewichte $k(\rho^{(i)})$ monoton fallend und daher konstant für große i. Dies erklärt das **Gewicht** $k(\rho)$ des bezüglich $\rho = (\rho^{(1)}, \rho^{(2)}, \ldots)$ graduierten Elementes. Wir nennen ρ eine **stabile Darstellung** und schreiben $\mathbf{f} \in M_\infty(\rho)$. In der Tat gilt

$$M_\infty = \bigoplus_{\text{stabile}\,\rho} M_\infty(\rho) \ .$$

Daß man wirklich eine Summenzerlegung erhält folgt aus der Theorie der singulären Modulformen, wonach der Φ-Operator ein einfaches Verhalten hat für $k(\rho) < \frac{n}{2}$. Siehe [8].

M_n enthält als Untervektorraum die Teilsumme

$$M_n^+ = \bigoplus_{\rho \text{ gerade}} [\Gamma_n, \rho] \quad ,$$

wo ρ nur über diejenigen Darstellungen ρ mit $\rho \sim (\lambda_1, \ldots, \lambda_n) \in (2\mathbb{Z})^n$ läuft. Es sei $\rho^{[1]}$ die natürliche Darstellung der Gruppe $Gl_n(\mathbb{C})$ auf dem Vektorraum $V_{\rho^{[1]}} = \mathrm{Symm}^2\, \mathbb{C}^n$

und $\text{Symm}^\bullet \rho^{[1]}$ die induzierte Darstellung auf der symmetrischen Algebra $\text{Symm}^\bullet V_{\rho^{[1]}}$ der Darstellung $(V_{\rho^{[1]}}, \rho^{[1]})$. Wie wir später zeigen werden, kann M_n^+ mit

$$M_n^+ \xrightarrow{\sim} \bigoplus_{i=0}^{\infty} [\Gamma_n, \text{Symm}^i V_{\rho^{[1]}}, \text{Symm}^i \rho^{[1]}]$$

identifiziert werden.

Die natürliche Ringstruktur der symmetrischen Algebra $\text{Symm}^\bullet V_{\rho^{[1]}}$ induziert auf M_n^+ die Struktur eines kommutativen Ringes mit Einselement. Dies ist verträglich mit der Abbildung $\Phi_{n,n-1}$

(2) $$\Phi_{n,n-1}(f_1 \cdot f_2) = \Phi_{n,n-1}(f_1) \cdot \Phi_{n,n-1}(f_2) \quad ; \quad f_1, f_2 \in M_n^+ \quad .$$

$\Phi_{n,n-1}$ erklärt einen Ringhomomorphismus von M_n^+ nach M_{n-1}^+. Man erhält auf diese Weise einen **Teilring** M_∞^+ des projektiven Limes M_∞.

Beweis von (2): Wir können annehmen, daß für alle Darstellungen $\rho \sim (\lambda_1, \ldots, \lambda_n) \in (2\mathbb{Z})^n, \lambda_n \geq 0$ der fixierte Raum V_ρ als Summand von $\text{Symm}^\bullet V_{\rho^{[1]}}$ gewählt wurde. Es bezeichne e_{ij} die kanonische Basis $\frac{1}{2}(e_i \otimes e_j + e_j \otimes e_i)$ von $V_{\rho^{[1]}} = \text{Symm}^2 \mathbb{C}^n$ und es sei

$$\det(e_{ij}) = \sum_{\sigma \in S_n} \text{sign}(\sigma) \prod_{i=1}^{n} e_{i\sigma(i)} \quad .$$

Wendet man den Φ-Operator auf $f \in [\Gamma_n, \rho]$ an, dann liegen die Werte von Φf in $(V_\rho)'$. Wegen (1) ist $(V_\rho)'$ der Durchschnitt von V_ρ mit dem Teilraum der bezüglich $\begin{pmatrix} E^{(n-1,n-1)} & X \\ 0 & 1 \end{pmatrix}$ invarianten Elemente von $\text{Symm}^\bullet\text{Symm}^2 \mathbb{C}^n$. Dieser Teilraum ist

$$\text{Symm}^\bullet\text{Symm}^2 \mathbb{C}^{n-1} \otimes \mathbb{C}[\det(e_{ij})] \quad ,$$

wie man leicht aus dem später bewiesenen Lemma 3 schließt. Der Einsetzungshomomorphismus $e_{nn} \to 1$ und $e_{ni} \to 0$ $(i \neq n)$ definiert einen Ringhomomorphismus von $\text{Symm}^\bullet\text{Symm}^2 \mathbb{C}^n$ nach $\text{Symm}^\bullet\text{Symm}^2 \mathbb{C}^{n-1}$. Dieser induziert einen mit der Operation von $Gl_{n-1}(\mathbb{C})$ verträglichen Isomorphismus κ

$$\begin{array}{ccc} \text{Symm}^\bullet \text{Symm}^2 \mathbb{C}^{n-1} \otimes \mathbb{C}[\det(e_{ij})] & \longrightarrow & \text{Symm}^\bullet \text{Symm}^2 \mathbb{C}^{n-1} \\ \cup\!\mid & & \cup\!\mid \\ (V_\rho)' & \xrightarrow{\kappa} & V_{\rho'} \end{array}$$

der Räume $(V_\rho)'$ und $V_{\rho'}$. Folglich gilt (2) bei dieser Wahl der Identifikation κ, was wir aber stillschweigend vorausgesetzt haben.

Wir betrachten nun den Vektorraum $H_{m,n}$ aller Polynome $P : M_{m,n}(\mathbb{C}) \longrightarrow \mathbb{C}$ auf dem Vektorraum $M_{m,n}(\mathbb{C})$ der komplexen $m \times n$ Matrizen, welche das Differentialgleichungssystem

$$\sum_{j=1}^{m} \frac{\partial}{\partial X_{ji}} \frac{\partial}{\partial X_{jk}} P(X) = 0 \tag{3}$$

für alle $1 \leq i, k \leq n$ erfüllen. Solche Polynome heißen **pluriharmonisch**.

Ist $O(m, \mathbb{R})$ die orthogonale Gruppe in m Variablen, dann operiert auf $H_{m,n}$ die Gruppe $O(m, \mathbb{R}) \times Gl_n(\mathbb{C})$ vermöge

$$(h, g) \circ P(X) = \det(g)^{\frac{m}{2}} P(h^{-1} X g) \quad .$$

Nach Kashiwara und Vergne [15] gibt es eine **Injektion** $\pi \to \rho^{(n)}(\pi)$ vom unitären Dual $\widehat{O(m, \mathbb{R})}$ in die Menge der Isomorphieklassen rationaler, irreduzibler Darstellungen der Gruppe $Gl_n(\mathbb{C})$ derart, daß $H_{m,n}$ als $O(m, \mathbb{R}) \times Gl_n(\mathbb{C})$ Modul isomorph zu

$$H_{m,n} \xrightarrow{\sim} \bigoplus_{\Sigma_n} V_\pi \otimes V_{\rho^{(n)}(\pi)} \tag{4}$$

ist, wobei π eine gewisse Teilmenge Σ_n von $\widehat{O(m, \mathbb{R})}$ durchläuft.

Liften von harmonischen Formen: Inklusion $i(X) = (X, 0)$ und Projektion $p(X, *) = X$

$$M_{m,n} \underset{p}{\overset{i}{\rightleftarrows}} M_{m,n-1}(\mathbb{C})$$

induzieren Abbildungen i^* und p^*

$$H_{m,n} \underset{p^*}{\overset{i^*}{\rightleftarrows}} H_{m,n-1} \quad .$$

Aus $pi = id$ folgt

$$i^* p^* = id \quad . \tag{5}$$

i^* ist surjektiv und p^* injektiv.

Die Abbildungen i^* und p^* sind äquivariant

$$\begin{aligned} i^*((h,g)\circ P) &= d^{\frac{m}{2}}(h,g_0)\circ i^*(P) \\ (h,g)\circ p^*(P) &= d^{\frac{m}{2}} p^*((h,g_0)\circ P) \end{aligned} \tag{6}$$

für $h \in O(m, \mathbb{R})$ und $g \in Gl_n(\mathbb{C})$ mit

$$g = \begin{pmatrix} g_0 & * \\ 0 & d \end{pmatrix} \quad , g_0 \in Gl_{n-1}(\mathbb{C}) \quad .$$

Aus (5) und (6) folgt, daß jedem Summand $V_\pi \otimes V_{\rho'}$ in $H_{m,n-1}$ ein eindeutig bestimmter Summand $V_\pi \otimes V_\rho$ in $H_{m,n}$ zugeordnet ist derart, daß

$$\begin{aligned} i^*(V_\pi \otimes V_\rho) &= V_\pi \otimes V_{\rho'} \\ p^*(V_\pi \otimes V_{\rho'}) &= V_\pi \otimes (V_\rho)' \end{aligned}$$

ist. $(V_\rho)'$ bezeichnet dabei wie bisher den Unterraum der bezüglich der Substitutionen (1) invarianten Vektoren von V_ρ (im Spezialfall $r = 1$). Ist

$$\rho' \sim (\lambda_1, \ldots, \lambda_{n-1}) \quad ,$$

dann ist wegen (6) ρ durch

$$\rho \sim (\lambda_1, \ldots, \lambda_{n-1}, \frac{m}{2}) \tag{7}$$

bestimmt.

Für jede Darstellung $\pi \in \widehat{O(m, \mathbb{R})}$ gilt $\pi \in \Sigma_n$, falls $n \geq m$ ist([15]). Man erhält daher für jede irreduzible Darstellung π von $O(m, \mathbb{R})$ durch die Zuordnung

$$\rho(\pi) = (\rho^{(n)}(\pi), \rho^{(n+1)}(\pi), \ldots \;)$$

eine stabile Darstellung $\rho(\pi)$ von Gewicht $\frac{m}{2}$. Ist ρ eine stabile Darstellung vom Gewicht $\frac{m}{2}$, dann setzen wir umgekehrt

$$V_{\pi(\rho)} = V_\pi \quad ,$$

falls $\rho = \rho(\pi)$ ist und

$$V_{\pi(\rho)} = 0$$

sonst. Die genaue Beschreibung dieser Zuordnung ergibt sich aus der Arbeit von Kashiwara und Vergne [15].

Zusammenfassung: Jeder irreduziblen Darstellung π von $O(m, \mathbb{R})$ ist eine stabile Darstellung $\rho(\pi)$ zugeordnet.

Fixiert man eine irreduzible Darstellung ρ von $Gl_n(\mathbb{C})$, dann sei $H_{m,n}(\rho)$ definiert als der Raum der Funktionen $P : M_{m,n}(\mathbb{C}) \longrightarrow V_\rho$ mit den folgenden Eigenschaften

1) P ist polynomial

2) $\det(g)^{\frac{m}{2}} P(Xg) = \rho(g')P(X)$ für alle $g \in Gl_n(\mathbb{C})$

3) P erfüllt das Differentialgleichungssystem (3).

Läßt man $Gl_n(\mathbb{C})$ mit der kontragredienten Darstellung ρ^* von ρ auf V_ρ operieren, dann kann man $H_{m,n}(\rho)$ mit dem Raum der $Gl_n(\mathbb{C})$ Invarianten in $H_{m,n} \otimes V_\rho$ identifizieren. Die Struktur von $H_{m,n}(\rho)$ ist daher durch diejenige von $H_{m,n}$ vollständig bestimmt. Das heißt: entweder ist $H_{m,n}(\rho) = 0$ oder

$$H_{m,n}(\rho) \xrightarrow{\sim} V_\pi \quad ,$$

falls $\rho = \rho^{(n)}(\pi)$ für $\pi \in \Sigma_n$ ist.

Der Abbildung i^* entspricht die Zuordnung

$$P^{(n-1)}(X) = P^{(n)}(X, 0) \quad , \quad X \in M_{m,n-1}(\mathbb{C})$$

für $P^{(n)}$ in $H_{m,n}(\rho)$.

Annahme: $H_{m,n-1}(\rho') \neq 0$.
Obige Überlegungen zeigen, daß die Abbildung $P^{(n)} \to P^{(n-1)}$ einen Isomorphismus

(8) $$H_{m,n}(\rho) \xrightarrow{\sim} H_{m,n-1}(\rho')$$

definiert, falls man die Gültigkeit der Annahme voraussetzt.

Sei $S_1, \ldots, S_h$ ein Repräsentantensystem von unimodularen Äquivalenzklassen von geraden, ganzen, positiven quadratischen Formen der Determinante 1 vom Rang m. Man nennt eine quadratische Form gerade, wenn sie nur gerade Zahlen darstellt. Die Matrizen $S = S_\nu$ besitzen positive symmetrische Quadratwurzeln $S^{\frac{1}{2}}$. Die reellen Punkte $O(S)$ der orthogonalen Gruppe $O(S)$ lassen sich vermöge

$$O(S) \ni h \longmapsto S^{\frac{1}{2}} h S^{-\frac{1}{2}} \in O(m, \mathbb{R})$$

mit $O(m, \mathbb{R})$ identifizieren. Bezüglich dieser Identifikation operiert $O(S)$ und die Einheitengruppe $E(S) = O(S) \cap Gl_m(\mathbb{Z})$ der quadratischen Form S auf den Räumen $H_{m,n}$ und $H_{m,n}(\rho)$.

Ist $P^{(n)} \in H_{m,n}(\rho^{(n)})$, dann definiert die Thetareihe

$$\vartheta^{(n)}_{S,P^{(n)}}(Z) = \sum_{\substack{G=G^{(m,n)} \\ \text{ganz}}} P^{(n)}(S^{\frac{1}{2}}G)e^{i\pi Spur(G'SGZ)} , \; Z \in H_n$$

eine Modulform zur Darstellung $\rho^{(n)}$ auf H_n. Die Thetareihe $\vartheta^{(n)}_{S,P^{(n)}}$ hängt dabei nur von der Projektion von $P^{(n)}$ auf den Raum der $E(S_\nu)$ invarianten Vektoren in $H_{m,n}(\rho^{(n)})$ ab. Wendet man zusätzlich den Φ-Operator an, erhält man

$$\Phi\vartheta^{(n)}_{S,P^{(n)}} = \vartheta^{(n-1)}_{S,P^{(n-1)}} \quad .$$

Das Element $P^{(n)} \in H_{m,n}(\rho^{(n)}) \neq 0$ definiert wegen der Isomorphismen (8) eindeutig bestimmte Elemente $P^{(i)} \in H_{m,n}(\rho^{(i)})$ für alle $i \geq n$ (sozusagen ein stabiles System von harmonischen Formen). Die Darstellungen $\rho^{(i)}$ sind irreduzible Darstellungen der Gruppen $Gl_i(\mathbb{C})$ und eindeutig bestimmt durch $\rho^{(n)}$. Sie definieren eine stabile Darstellung ρ vom Gewicht $\frac{m}{2}$. Identifiziert man die Elemente $P^{(i)}$ mit einem Element $P \in V_{\pi(\rho)}$, dann ist

$$\vartheta_{S_\nu,P} = (\vartheta^{(n)}_{S_\nu,P^{(n)}}, \vartheta^{(n+1)}_{S_\nu,P^{(n+1)}}, \ldots)$$

eine stabile Modulform $\vartheta_{S_\nu,P} \in M_\infty(\rho)$.

Satz 1: *(Freitag-Resnikoff)*
Sei ρ eine stabile Darstellung vom Gewicht k. Für $m = 2k$ definiert obige Konstruktion, welcher der pluriharmonischen Form P und der quadratischen Form S_ν vom Rang m die stabile Form $\vartheta_{S_\nu,P}$ zuordnet, einen Isomorphismus

$$\vartheta : \bigoplus_{\nu=1}^{h} V^{E(S_\nu)}_{\pi(\rho)} \xrightarrow{\sim} M_\infty(\rho) \quad .$$

Insbesondere ist $M_\infty(\rho) = 0$ falls das Gewicht k von ρ nicht durch 4 teilbar ist.

Bemerkung: Operiert eine Gruppe G auf einem Vektorraum V, dann bezeichnen wir mit V^G den Unterraum der G invarianten Vektoren.

Die Umkehrabbildung von ϑ läßt sich folgendermaßen beschreiben. Ist f eine stabile Modulform und $f^{(n)}$ eine ihrer Komponenten für ein $n > 2k(\rho^{(n)})$. Es sei

$$f^{(n)}(Z) = \sum a(T)e^{\pi i \,\mathrm{Spur}(TZ)}.$$

Setzt man

$$a = \#E(S_\nu)^{-1} a \begin{pmatrix} S_\nu & 0 \\ 0 & 0 \end{pmatrix} \quad ,$$

dann definiert man

$$P^{(n)}(X) = \rho(X', 0)a$$

indem man die Darstellung ρ von $Gl_n(\mathbb{C})$ auf $M_{n,n}(\mathbb{C})$ fortsetzt. Dies ist wohldefiniert und man erhält ein pluriharmonisches Polynom auf $M_{m,n}(\mathbb{C})$ mit Werten in $V_{\rho^{(n)}}$. Siehe [8]. Man kann folglich $P^{(n)}(X)$ als Element von $V^{E(S_\nu)}_{\pi(\rho^{(n)})} \xrightarrow{\sim} V^{E(S_\nu)}_{\pi(\rho)}$ auffassen. Durchläuft man dabei alle Repräsentanten $S_1, \ldots, S_h$, dann definiert dies die Umkehrabbildung von ϑ. Daß diese Abbildung tatsächlich ein Isomorphismus ist, folgt aus der Tatsache, daß eine singuläre Modulform wie $f^{(n)}$ durch seine Fourierkoeffizienten $a \begin{pmatrix} S_\nu & 0 \\ 0 & 0 \end{pmatrix}$ für $\nu = 1, \ldots, h$ bestimmt ist. Details findet man in [8].

Bemerkung: Sei

$$F \in [\Gamma_n, \rho] \quad , \quad \rho \sim (\lambda_1, \ldots, \lambda_n)$$

eine Modulform, so daß

$$f = \Phi_{\rho \to \rho'} F \in [\Gamma_{n-r}, \rho'] \quad , \quad \rho' \sim (\lambda_1, \ldots, \lambda_{n-r})$$

nicht identisch verschwindet. Da mit M auch $-M$ in Γ_n enthalten ist, folgt daß alle $\lambda_{n-r+1}, \ldots, \lambda_n$ gerade sind. In [33] wurde gezeigt, daß außerdem

(9) $$\lambda_{n-r+1} = \ldots = \lambda_n (\equiv 0(2))$$

gilt.

Wir nennen eine Darstellung ρ mit dieser Eigenschaft (9) eine **Liftung** der Darstellung ρ' vom Gewicht λ_n. Eine Liftung ρ von ρ' ist bis auf Isomorphie durch ρ' und ihr Gewicht λ_n bestimmt. Gilt sogar

$$\lambda_{n-r} = \ldots = \lambda_n (\equiv 0(2)) \quad ,$$

so nennen wir ρ die **Standardliftung** von ρ'. Entsprechend heißt F eine Liftung (Standardliftung) von f.

Studiert man Liftungen von Modulformen $f \in [\Gamma_j, \rho']$, dann hängt das Liftungsverhalten vom Gewicht $k(\rho')$ von ρ' ab. Wir unterscheiden zwei Fälle, nämlich $k(\rho') \geq j+1$ und $k(\rho') \leq j$. Im ersten Fall gilt

Lemma 1: *Ist $F \in [\Gamma_n, \rho]$ Liftung einer nichtverschwindenden Modulform $f \in [\Gamma_j, \rho']$ und $k(\rho') \geq j+1$, dann gilt für das Gewicht $k(\rho)$ der Liftung $j \leq k(\rho) \leq k(\rho')$.*

Im zweiten Fall gilt

Lemma 2: *Ist $F \in [\Gamma_n, \rho]$ Liftung einer nichtverschwindenden Modulform $f \in [\Gamma_j, \rho']$ und $k(\rho') \leq j$, dann ist das Gewicht $k(\rho)$ der Liftung ρ eindeutig bestimmt. Je nachdem ob $k(\rho')$ gerade oder ungerade ist, ist $k(\rho) = k(\rho')$ oder $k(\rho) = k(\rho') - 1$.*

Der Korang einer irreduziblen Darstellung $\rho \sim (\lambda_1, \ldots, \lambda_n)$ sei die Anzahl Korang(ρ) der $i(1 \leq i \leq n)$ mit $\lambda_i = \lambda_n$. Lemma 1 und Lemma 2 folgen dann aus dem in [33] bewiesenen Verschwindungssatz. Dieser lautet

Satz 2: *Sei $F \in [\Gamma_n, \rho]$ eine Modulform zur irreduziblen Darstellung $\rho \sim (\lambda_1, \ldots, \lambda_n)$. Ist die Anzahl der i $(1 \leq i \leq n)$ mit $\lambda_i = 1 + \lambda_n$ echt kleiner als $2\,(n - \lambda_n -$ Korang$(\rho))$, dann ist $F = 0$.*

Sei nun ρ eine stabile Darstellung vom Gewicht k. Die natürliche Abbildung

$$M_\infty(\rho) \longrightarrow M_j$$

hat ihr Bild in einem eindeutig bestimmten Summand $[\Gamma_j, \rho']$ von M_j. Wegen Satz 1 ist dieses Bild der in der Einleitung durch Thetareihen definierte Unterraum $B_{j,\rho'}(2k)$ von $[\Gamma_j, \rho']$.

Problem : Man charakterisiere das Bild von $M_\infty(\rho)$ in $[\Gamma_j, \rho']$.

Auf Grund der Formel (9) ist entweder ρ die eindeutig bestimmte stabile Liftung von ρ' vom Gewicht k, oder das Bild von $M_\infty(\rho)$ in $[\Gamma_j, \rho']$ ist identisch null.

Der Teilraum der Spitzenformen in $[\Gamma_j, \rho']$ sei der Raum $[\Gamma_j, \rho']_0$ aller $f \in [\Gamma_j, \rho']$ mit $\Phi f = \Phi^1 f = 0$.

Bemerkung: *Das Bild von $M_\infty(\rho)$ in in $[\Gamma_j, \rho]$ ist im Teilraum $[\Gamma_j, \rho']_0$ der Spitzenformen enthalten, falls ρ* **nicht** *die stabile Standardliftung von ρ' ist.*

Auch im Fall der Standardliftung reduziert man das oben formulierte Problem durch Induktion nach j sofort auf die Beschreibung des Bildes von $M_\infty(\rho)$ im Teilraum der Spitzenformen. Dies erreicht man durch sukzessives Anwenden des Φ-Operators

$$M_\infty(\rho) \longrightarrow [\Gamma_j, \rho'] \xrightarrow{\Phi} [\Gamma_{j-1}, \rho''] \xrightarrow{\Phi} \dots \quad .$$

Auf den Teilräumen $[\Gamma_n, \rho]$ von M_n operiert die **Heckealgebra** $\mathcal{H}_n$. Die Definition der Heckealgebra und eine Beschreibung der Operation findet man in [11] und [34]. Für die hier benötigten Zwecke kommt man mit einem Teil der Heckealgebra aus, der Heckealgebra der symplektischen Gruppe. Die in [11] beschriebene volle Heckealgebra der symplektischen Ähnlichkeiten wird eigentlich nicht benötigt. In [11],[34] wird gezeigt, daß es eine surjektive Abbildung

$$\tilde{\Phi} : \mathcal{H}_n \longrightarrow \mathcal{H}_{n-1}$$

gibt, welche äquivariant bezüglich

$$\Phi_{n,n-1} : M_n \longrightarrow M_{n-1}$$

und der Operation von $\mathcal{H}_n$ und $\mathcal{H}_{n-1}$ ist.

Folgerung: *Das Bild von $M_\infty(\rho)$ in $[\Gamma_j, \rho']$ ist ein unter der Operation von $\mathcal{H}_j$ invarianter Unterraum und wird von Eigenformen der Heckealgebra aufgespannt.*

Wie wir später mit Hilfe der Eisensteinreihen zeigen werden, läßt sich das Bild von $M_\infty(\rho)$ sogar durch seine Eigenwerte bezüglich der Operation der Heckealgebra beschreiben. Daraus ergeben sich

Satz 3: *Sind ρ_1 und ρ_2 stabile Liftungen von ρ' mit Gewicht $k_1 \equiv 0(4)$ und $k_2 \equiv 0(4)$ und $k_1 \leq k_2$, dann ist das Bild von $M_\infty(\rho_1)$ in $[\Gamma_j, \rho']$ enthalten im Bild von $M_\infty(\rho_2)$ in $[\Gamma_j, \rho']$.*

Satz 4: *Ist ρ eine stabile Liftung (bzw. Standardliftung) von ρ' vom Gewicht $k \geq 2j+4$ und $k \equiv 0(4)$, dann ist $[\Gamma_j, \rho']_0$ (bzw. ganz $[\Gamma_j, \rho']$) im Bild von $M_\infty(\rho)$ enthalten.*

Satz 3 und Satz 4 werden wie gesagt später in Abschnitt 13 gezeigt.

Wie bereits erwähnt, ist wegen Satz 1 das Bild von $M_\infty(\rho)$ in $[\Gamma_j, \rho']$ genau der in der Einleitung definierte Raum der Thetareihen $B_{j,\rho'}(m)$, gebildet zu quadratischen Formen in m Variablen. Das Gewicht k der stabilen Darstellung ρ bestimmt den Rang m der quadratischen Formen : $m = 2k$.

Der in der Einleitung formulierte **Darstellungssatz**

$$I) \quad B_{j,\rho'}(m) \supseteq B_{j,\rho'}(m-8) \quad \text{für} \quad m \leq 2k(\rho')$$

$$II) \quad B_{j,\rho'}(m) \supseteq [\Gamma_j, \rho']_0 \quad \text{für} \quad 4j+8 \leq m \leq 2k(\rho'), m \equiv 0(8)$$

ist daher eine unmittelbare Konsequenz von Satz 3 und Satz 4.

Genauer gilt sogar

$$III) \quad B_{j,\rho'}(m) = [\Gamma_j, \rho']_0 \quad \text{für} \quad 4j+8 \leq m < 2k(\rho'), m \equiv 0(8)$$

sowie

$$IV) \quad B_{j,\rho'}(m) = [\Gamma_j, \rho'] \quad \text{für} \quad 4j+8 \leq m = 2k(\rho'), m \equiv 0(8) \quad .$$

Nach Definition ist $B_{j,\rho}(m)$ der Aufspann gewisser Thetareihen mit pluriharmonischen Polynomen und quadratischen Formen in m Variablen. Während bekanntlich die Liste der unimodularen geraden quadratischen Formen nur für kleine m ($m = 8, 16$ und 24) überschaubar ist, kann man die pluriharmonischen Polynome im Prinzip leicht angeben. Der Einfachheit halber und im Hinblick auf Aussage II des Darstellungssatzes beschränken wir uns auf den Fall, wo das Gewicht der Darstellung ρ größer ist als das Geschlecht j. In der Tat kann dann wegen Lemma 1 zusätzlich ohne Einschränkung $m \geq 2j$ angenommen werden. Wir betrachten den Raum $H_{m,j}(\rho)$ der harmonischen Polynome zur Darstellung ρ. Aus der Definition von $H_{m,j}(\rho)$ folgt, daß die Darstellung $\rho_0 = \det^{-\frac{m}{2}} \otimes \rho$ polynomial ist. Andernfalls ist $H_{m,j}(\rho) = 0$. Wir betrachten nun komplexe $m \times j$-Matrizen A mit der Eigenschaft

$$A'A = 0 \quad .$$

Wir nennen solche Matrizen A isotrop. Jede solche Matrix definiert einen isotropen Unterraum von $\mathbb{C}^m$. Wegen $m \geq 2j$ existieren solche Matrizen A mit $\text{rang}(A) = j$. Solche Matrizen entsprechen den isotropen Unterräumen von $\mathbb{C}^m$ der Dimension j.

Behauptung: *Für jede polynomiale Darstellung ρ_0 und jeden Vektor $v \in V_{\rho_0}$ ist*

$$P(X) = \rho_0(X'A)v$$

ein pluriharmonisches Polynom in $H_{m,j}(\rho)$.

Dies ist klar, da für jede zweimal differenzierbare Funktion $f : M_{j,j}(\mathbb{C}) \longrightarrow \mathbb{C}$ gilt

$$\sum_{l=1}^{m} \frac{\partial}{\partial X_{li}} \frac{\partial}{\partial X_{lk}} f(X'A) = \sum_{u=1}^{j} \sum_{v=1}^{j} (\partial_{iu}\partial_{kv} f)(X'A)(\sum_{l=1}^{m} A_{lu}A_{lv})$$

$$= 0 \quad .$$

Da A vom Rang j gewählt werden kann, findet man X derart, daß $X'A$ invertierbar ist. Für geeignete v ist dann $P(X)$ ein nicht verschwindendes Polynom in $H_{m,j}(\rho)$ mit $\rho = \det^{\frac{m}{2}} \otimes \rho_0$. Da dieser Raum irreduzibel bezüglich der Operation der orthogonalen Gruppe $O(m)$ ist, falls ρ irreduzibel ist, wird er von Translaten des Polynoms $P(X)$ aufgespannt. Da Translation mit orthogonalen Matrizen isotrope Matrizen A in ebensolche überführt, erhält man als

Folgerung: *Für $m \geq 2j$ und irreduzibles ρ ist jede pluriharmonische Form $P(X)$ in $H_{m,j}(\rho)$ eine Linearkombination von Formen $\rho_0(X'A)v$ für festes $v \neq 0$ und geeignete isotrope Matrizen A.*

sowie außerdem

Folgerung: *Für $k(\rho) \geq j+1$ und $\rho_0 = \rho \otimes \det^{-\frac{m}{2}}$ wird $B_{j,\rho}(m)$ aufgespannt von den Thetareihen*

$$\sum_{\substack{G = G^{(m,j)} \\ \text{ganz}}} \rho_0(G'SB)e^{i\pi \operatorname{Spur}(G'SGZ)}v \quad , \quad v \in V_{\rho_0}$$

für unimodulare, gerade quadratische Formen S vom Rang m und komplexe $m \times j$-Matrizen B mit $B'SB = 0$.

Dies wird klar, indem man B durch $S^{-\frac{1}{2}}A$ ersetzt. Die letzte Forderung ist im übrigen für alle m richtig, also auch solche mit $m < 2j$. Dazu sei hier nochmals erwähnt, daß unter der Annahme $k(\rho) \geq j+1$ der Raum $B_{j,\rho}(m)$ verschwindet, wenn $m < 2j$ ist. (Lemma 1).

Es folgen nun zwei Beispiele. Diese illustrieren die Filtrierungsaussage I) des Darstellungssatzes. Im zweiten Beispiel wird gezeigt, daß die aufsteigende Filtrierung durch die Räume $B_{j,\rho'}(m)$ im allgemeinen eine echte Filtrierung ist.

Beispiel 1 (Die Schottkyrelation)
Es gibt bekanntlich genau eine Klasse $S(8)$ und genau zwei Klassen $S(8) \oplus S(8), S(16)$

zwei Klassen $S(8) \oplus S(8), S(16)$ von geraden, positiven quadratischen Formen in 8 beziehungsweise 16 Variablen [35]. Die Differenz

$$\vartheta^{(4)}_{S(8)\oplus S(8)} - \vartheta^{(4)}_{S(16)} ,$$

gebildet zum harmonischen Polynom $P = 1$, ist eine Spitzenform vom Gewicht 8 vom Grad 4, welche nicht identisch verschwindet. Dies wurde in [13] und [19] bewiesen. Igusa hat gezeigt, daß diese Modulform die sogenannte Schottkyrelation ist, deren Nullstellendivisor in $\Gamma_4\backslash\mathbf{H}_4$ durch den Abschluß des Modulraumes M_4 der Kurven vom Geschlecht 4 gegeben ist.

Wir betrachten nun die Liftungen von $\rho' = \det^8$ vom Gewicht 4 und 8 und wenden den Satz 3 an. Man erhält eine Inklusion

$$B_{4,\det^8}(8) \subseteq B_{4,\det^8}(16) \quad .$$

Der Vektorraum auf der rechten Seite wird von Thetareihen $\vartheta^{(4)}_{S(8)\oplus S(8)}$ und $\vartheta^{(4)}_{S(16)}$ aufgespannt. Wie wir weiterhin wissen, ist jede Modulform in $B_{4,\det^8}(8)$ eine Spitzenform. Der Raum der Spitzenformen in $B_{4,\det^8}(16)$ ist jedoch wegen

$$\phi^4\vartheta^{(4)}_{S(8)\oplus S(8)} = \phi^4\vartheta^{(4)}_{S(16)} = 1$$

höchstens eindimensional. Eine direkte Rechnung zeigt

$$\vartheta^{(4)}_{S(8),P} \neq 0$$

bei geeigneter Wahl eines pluriharmonischen Polynoms. Sei L das Gitter von Rang 8 erzeugt von allen Vektoren $x = (x_i)$ mit

$$2x_i \in \mathbb{Z}, \quad x_i - x_j \in \mathbb{Z}, \quad \sum_{i=1}^{8} x_i \in 2\mathbb{Z}.$$

Eine nichtverschwindende Thetareihe $\vartheta^{(4)}_{S(8),P}$ ist dann zum Beispiel gegeben durch

$$\sum_{G\in L^4} Q(G) e^{\pi \mathrm{i}\, \mathrm{Spur}(G'GZ)} \quad .$$

Hierbei ist

$$Q(G) = \det(G_1 + \mathrm{i}G_2)^4$$

für die Zerlegung

$$G = \begin{pmatrix} G_1 \\ G_2 \end{pmatrix} \in M_{8,4}(\mathbb{C}) \cong (L \otimes \mathbb{C})^4.$$

von G in quadratische 4×4 Matrizen mittels der oben eingeführten Koordinaten x_i auf $L \otimes \mathbb{C}$. Das Nichtverschwinden zeigt man mit einem Tischrechner durch Berechnung eines Fourierkoeffizienten. Ist T eine lineare Abbildung, welche L in das Standardgitter $M_{8,4}(\mathbb{Z})$ überführt, dann transformiert T die standard quadratische Form auf $\mathbb{R}^8$ in die Form $S(8)$. Dies zeigt, daß die obige Thetareihe $\vartheta^{(4)}_{S(8),8}$ zum harmonischen Polynom $P(G) = Q(TS^{-\frac{1}{2}}G)$ gehört. Der Raum $B_{4,\det^8}(8)$ ist daher nicht null und man erhält eine Darstellung der Schottkyrelation

$$\vartheta^{(4)}_{S(8)\oplus S(8)} - \vartheta^{(4)}_{S(16)} = c\vartheta^{(4)}_{S(8),P}$$

mit einer explizit berechenbaren Konstanten $c \neq 0$.

Dies zeigt insbesondere erneut, daß die Schottkyrelation auf der linken Seite eine Spitzenform ist.

Beispiel 2. Wir betrachten Spitzenformen $[\Gamma_j, k]_0$ auf $\mathbf{H}_j$ vom Gewicht k, d.h. zur Darstellung $\rho' = \det^k$. Für alle stabilen Liftungen ρ der Darstellung $\rho' = \det^k$ vom Liftungsgewicht $k(\rho) = j$ ist das Bild von $M_\infty(\rho)$ in $[\Gamma_j, k]$ im Raum der Spitzenformen enthalten, falls k größer als j ist. Wir fixieren ein solches j und lassen k variieren. Wegen

$$M_\infty(\rho) \xrightarrow{\sim} \bigoplus_{\nu=1}^{h} V^{E(S_\nu)}_{\pi(\rho)}$$

ist die Dimension von $M_\infty(\rho)$ für $k \to \infty$ asymptotisch zu

$$\dim M_\infty(\rho) \sim c_1 \dim V_{\pi(\rho)} \quad ,$$

und die Dimension von $V_{\pi(\rho)}$ wegen der Weylschen Dimensionsformel für irreduzible Darstellungen der orthogonalen Gruppe ist asymptotisch zu

$$\dim V_{\pi(\rho)} \sim c_2 k^{\frac{1}{2}j(j-1)} \quad .$$

Andererseits ist wohlbekannt, daß die Dimension des Raumes der Spitzenformen vom Gewicht k asymptotisch zu

$$\dim\, [\Gamma_j, k]_0 \sim c_3 k^{\frac{1}{2}j(j+1)}$$

für $k \to \infty$ ist.

Es folgt daher, daß in diesem Fall für große k anders als in Satz 4 das Bild von $M_\infty(\rho)$ in $[\Gamma_j, k]_0$ ein echter Unterraum ist.

Abschließend erwähnen wir noch eine elementare aber dennoch nützliche Eigenschaft von Thetareihen. Es bezeichne der Einfachheit halber $B_{j,k}(m)$ den Raum der Thetareihen $B_{j,\rho}(m)$ zur Darstellung $\rho = \det^k$. Sei $n = n_1 + n_2$ und $Z_1 \in \mathbf{H}_{n_1}$ sowie $Z_2 \in \mathbf{H}_{n_2}$.

Durch Einschränken von Modulformen auf die Diagonale $\begin{pmatrix} Z_1 & 0 \\ 0 & Z_2 \end{pmatrix} \in \mathbf{H}_n$ erhält man Funktionen auf $\mathbf{H}_{n_1} \times \mathbf{H}_{n_2}$. Dies definiert eine Abbildung der Modulformen

$$[\Gamma_n, k] \longrightarrow [\Gamma_{n_1}, k] \otimes_{\mathbb{C}} [\Gamma_{n_2}, k] \quad .$$

Bezüglich dieser Abbildung besitzen die Thetareihen eine relativ einfache

Zerlegungseigenschaft: *Der Unterraum $B_{n,k}(m)$ von $[\Gamma_n, k]$ bildet sich in das Tensorprodukt der Unterräume $B_{n_1,k}(m)$ bzw. $B_{n_2,k}(m)$ ab:*

$$B_{n,k}(m) \longrightarrow B_{n_1,k}(m) \otimes_{\mathbb{C}} B_{n_2,k}(m) \quad .$$

Beweis: Es genügt, daß $f\begin{pmatrix} Z_1 & 0 \\ 0 & Z_2 \end{pmatrix}$ bei festem Z_2 als Funktion von Z_1 in $B_{n_1,k}(m)$ liegt und umgekehrt. Siehe [10], S.148. Die Funktion f in $B_{n,k}(m)$ ist eine Linearkombination von Thetareihen $\vartheta_{P,S}$. Für jede solche ist

$$\vartheta_{P,S}\begin{pmatrix} Z_1 & 0 \\ 0 & Z_1 \end{pmatrix} = \sum_{G=(G_1,G_2)} P(S^{\frac{1}{2}}(G_1, G_2)) e^{\pi i \mathrm{Spur} S[G_1] Z_1} e^{\pi i \mathrm{Spur} S[G_2] Z_2}$$

$$= \sum_{G_2} e^{\pi i \mathrm{Spur} S[G_2] Z_2} \sum_{G_1} P(S^{\frac{1}{2}}(G_1, G_2)) e^{\pi i \mathrm{Spur} S[G_1] Z_1}$$

und $P(X_1, X_2)$ ist pluriharmonisch zur Darstellung $\det^k$ aufgefaßt als Polynom in X_1 für alle X_2. Dies zeigt die Behauptung.□

3 DIFFERENTIALOPERATOREN

Dieses Kapitel enthält eine Zusammenstellung einiger nützlicher Formeln für äquivariante Differentialoperatoren, welche an mehreren Stellen später verwendet werden.

Sei $G = Sp_{2n}(\mathbb{R})$ die symplektische Gruppe der Matrizen $g \in Gl_{2n}(\mathbb{R})$ mit

$$g'\begin{pmatrix} 0 & -E \\ E & 0 \end{pmatrix} g = \begin{pmatrix} 0 & -E \\ E & 0 \end{pmatrix} .$$

Die komplexifizierte Liealgebra $\mathcal{G}$ von G ist die Teilmenge $\mathcal{G} \subseteq M_{2n,2n}(\mathbb{C})$ der Matrizen Y

$$Y'\begin{pmatrix} 0 & -E \\ E & 0 \end{pmatrix} + \begin{pmatrix} 0 & -E \\ E & 0 \end{pmatrix} Y = 0 .$$

Wir verwenden die übliche Zerlegung $\mathcal{G} = \mathbf{p}_+ \bigoplus \mathbf{p}_- \bigoplus \mathbf{k}$. $\mathbf{k}$ ist die komplexifizierte Liealgebra der maximal kompakten Untergruppe $K = G \cap SO(2n, \mathbb{R})$ von G. $\mathbf{k}$ ist gegeben durch die Matrizen

$$\begin{pmatrix} A & -S \\ S & A \end{pmatrix}, \ A' = -A \, , \ S' = S \ .$$

Die Elemente von K sind

(10) $$k = \begin{pmatrix} C & -S \\ S & C \end{pmatrix} , \quad C + \mathrm{i}S \in U(n) \ .$$

Daher ist K zur unitären Gruppe $U(n)$ isomorph.
Die Liealgebren

(11) $$\mathbf{p}_\pm = \{ \begin{pmatrix} X & \pm\mathrm{i}X \\ \pm\mathrm{i}X & -X \end{pmatrix}, \quad X' = X \in M_{n,n}(\mathbb{C}) \}$$

sind abelsch. Man kann $\mathbf{p}_-$ und $\mathbf{p}_+$ mit dem Raum der symmetrischen Matrizen $X \in M_{n,n}(\mathbb{C})$ identifizieren.

Die Killingform auf $\mathcal{G}$ ist

$$B(X, Y) = \mathrm{Spur}(ad(X)ad(Y)) \quad ; \quad X, Y \in \mathcal{G}.$$

Hierbei ist die adjungierte Operation von $\mathcal{G}$ auf $\mathcal{G}$ durch $ad(X)Y = XY - YX$ gegeben.

Bezüglich der Killingform sind $\mathbf{k}$ und $\mathbf{p}_- \oplus \mathbf{p}_+$ orthogonal und $\mathbf{p}_+$ und $\mathbf{p}_-$ sind maximal isotrope Unterräume des Komplements von $\mathbf{k}$. Das heißt, die Einschränkung von $B(X, Y)$ auf $\mathbf{p}_+$ und $\mathbf{p}_-$ verschwindet.

Bezeichnungen

Es sei e_{ij} die Elementarmatrix in $M_{n,n}(\mathbb{C})$, deren Eintrag an der Stelle (i,j) gleich 1 und sonst gleich null ist.

$(E_-)_{ij}$ bezeichne das Element von $\mathbf{p}_-$, welches bezüglich der Identifikation (11) der symmetrischen Matrix

$$X = \frac{1}{2}(e_{ij} + e_{ji})$$

entspricht. Wir fassen die Elemente $(E_-)_{ij}$ zu einer symmetrischen Matrix E_- mit Einträgen in $\mathbf{p}_-$ zusammen. Analog definiert man die Matrix E_+.

Wir bezeichnen mit $a_{ij} (1 \leq i \leq j \leq n)$ die Basis von $\mathbf{k}$, welche den Matrizen $S = 0, A = e_{ij} - e_{ji}$ beziehungsweise $A = 0, S = e_{ij} + e_{ji}$ für $i < j$ und $A = 0, S = e_{jj}$ zugeordnet ist.

Die kompakte Gruppe K operiert auf $\mathcal{G}$ mit der adjungierten Darstellung $Ad(k)X = kXk^{-1}$ und bildet $\mathbf{p}_+$ und $\mathbf{p}_-$ in sich ab. Die Operation des Elementes (10) auf $\mathbf{p}_-$ ist

$$Ad(k)\begin{pmatrix} X & -\mathrm{i}X \\ -\mathrm{i}X & -X \end{pmatrix} = \begin{pmatrix} \tilde{X} & -\mathrm{i}\tilde{X} \\ -\mathrm{i}\tilde{X} & -\tilde{X} \end{pmatrix} \quad .$$

$\tilde{X}$ ist die symmetrische Matrix

$$\tilde{X} = (C + \mathrm{i}S)X(C + \mathrm{i}S)' \quad .$$

Die Identifikation $\mathbf{p}_- \xrightarrow{\sim} \mathrm{Symm}^2(\mathbb{C}^n)$ ist verträglich mit der Operation von $K = U(n)$ als Untergruppe von $Gl_n(\mathbb{C})$ mit der natürlichen Darstellung $\rho^{[1]}$ von $Gl_n(\mathbb{C})$ auf $\mathrm{Symm}^2(\mathbb{C}^n)$

$$\rho^{[1]}(g)X = gXg', X = X' \in M_{n,n}(\mathbb{C}) \quad .$$

Die irreduziblen Darstellungen der Gruppe $K = U(n)$ lassen sich zu irreduziblen rationalen Darstellungen der Gruppe $Gl_n(\mathbb{C})$ fortsetzen. Man erhält auf diese Weise eine Bijektion zwischen den Isomorphieklassen irreduzibler unitärer Darstellungen von K und den Isomorphieklassen irreduzibler rationaler Darstellungen der Gruppe $Gl_n(\mathbb{C})$.

Ist (V, ρ) eine rationale Darstellung von $Gl_n(\mathbb{C})$, dann ist die Darstellung

$$\rho^*(g) = \rho(g')^{-1}$$

von $Gl_n(\mathbb{C})$ auf V isomorph zur kontragredienten Darstellung von ρ. Ist ρ irreduzibel mit Höchstgewichtsvektor v_ρ, dann ist

$$v_{\rho^*} = w_\rho = \rho\begin{pmatrix} 0 & & & 1 \\ & & 1 & \\ & & & \\ & 1 & & \\ 1 & & & 0 \end{pmatrix} v_\rho \in V$$

Höchstgewichtvektor der Darstellung ρ^*. Wir bezeichnen w_ρ auch als Niedrigstgewichtvektor der Darstellung ρ.

Beispiel

Ist $(V, \rho) = (\mathrm{Symm}^2(\mathbb{C}^n), \rho^{[1]})$, dann sind

$$v_\rho = \begin{pmatrix} 1 & 0 & \dots & 0 \\ 0 & & & \vdots \\ \vdots & & & 0 \\ 0 & 0 & \dots & 0 \end{pmatrix} \text{ und } w_\rho = \begin{pmatrix} 0 & 0 & \dots & 0 \\ 0 & & & \vdots \\ \vdots & & & 0 \\ 0 & 0 & \dots & 1 \end{pmatrix}$$

Höchst- beziehungsweise Niedrigstgewichtvektoren.

Die universell einhüllende Algebra $\mathcal{U}(\mathbf{p}_-)$ der abelschen Liealgebra $\mathbf{p}_-$ ist zur symmetrischen Algebra isomorph.

$$\mathcal{U}(\mathbf{p}_-) \xrightarrow{\sim} \mathrm{Symm}^\bullet(\mathbf{p}_-) \quad .$$

Die Operation von K auf $\mathbf{p}_-$ induziert eine Operation auf der symmetrischen Algebra $\mathrm{Symm}^\bullet(\mathbf{p}_-)$.

Lemma 3: $\mathrm{Symm}^\bullet\mathrm{Symm}^2(\mathbb{C}^n) \xrightarrow{\sim} \bigoplus_\rho V_\rho$. *Die Summe durchläuft alle irreduziblen Darstellungen* $\rho \sim (\lambda_1, \dots, \lambda_n) \in (2\mathbb{Z})^n$ *mit* $\lambda_n \geq 0$. *Jede solche Darstellung tritt genau einmal auf.*

Beweis :

Der Beweis erfolgt durch Induktion.

Der Fall $n = 1$ ist klar.

Sei $e_1, \dots, e_n$ die Standardbasis von $\mathbb{C}^n$ und $e_{ij} = \frac{1}{2}(e_i \otimes e_j + e_j \otimes e_i)$ die Standardbasis von $\mathrm{Symm}^2(\mathbb{C}^n)$. Durch Einsetzen $e_{1i} = 0$ $(2 \leq i \leq n)$ erhält man eine Abbildung

$$\mathrm{Symm}^\bullet\mathrm{Symm}^2(\mathbb{C}^n) \longrightarrow \mathrm{Symm}^\bullet\mathrm{Symm}^2(\mathbb{C}^{n-1}) \otimes_{\mathbb{C}} \mathbb{C}[e_{11}].$$

Ist v_ρ Höchstgewichtvektor eines irreduziblen Summanden $\rho \sim (\lambda_1, \ldots, \lambda_n)$ von $\mathrm{Symm}^\bullet\mathrm{Symm}^2(\mathbb{C}^n)$, dann ist das Bild $\overline{v}_\rho$ von v_ρ unter dieser Abbildung von der Gestalt

$$\overline{v}_\rho = v_{\overline{\rho}} \cdot e_{11}^{\frac{1}{2}\lambda_1} \quad .$$

Wie man sich leicht überlegt, ist $v_{\overline{\rho}}$ Höchstgewichtvektor eines irreduziblen Summanden $\overline{\rho} \sim (\lambda_2, \ldots, \lambda_n)$ von $\mathrm{Symm}^\bullet\mathrm{Symm}^2(\mathbb{C}^{n-1})$ bezüglich der Operation von $Gl_{n-1}(\mathbb{C})$.

Wir wollen zeigen

$$(12) \qquad v_\rho \neq 0 \Longrightarrow \overline{v}_\rho \neq 0 \quad .$$

Aus (12) folgt durch Induktion:

a) Die Multiplizität von ρ ist höchstens eins.

b) $\rho \sim (\lambda_1, \ldots, \lambda_n) \in (2\mathbb{Z})^n$ und $\lambda_n \geq 0$.

Ein Höchstgewichtvektor ist dadurch charakterisiert, daß er von den Derivationen D_{ij} $(1 \leq j < i \leq n)$ der Liealgebra der oberen unipotenten Dreiecksmatrizen in $Gl_n(\mathbb{C})$ annuliert wird. Die Operation dieser Derivationen auf der symmetrischen Algebra ist durch

$$D_{ij}e_{kl} = \begin{cases} 2e_{jl} & i = k, k = l \\ e_{jl} & i = k, k \neq l \\ 0 & i \neq k, i \neq l \end{cases}$$

gegeben.

Zum Beweis von (12) entwickelt man v_ρ als Polynom in den Variablen e_{11} und e_{12}. Bei lexikographischer Anordnung sei

$$e_{11}^\alpha e_{12}^\beta p(e_{13}, \ldots, e_{nn})$$

ein nichtverschwindender Entwicklungsterm mit maximalem Exponent (α, β). Aus

$$D_{j2}v_\rho = 0 \qquad (j = 3, \ldots, n)$$

und der Maximalität des Exponenten (α, β) folgt, daß $p(e_{13}, \ldots, e_{nn})$ nicht von den Variablen $e_{1j} (3 \leq j \leq n)$ abhängt.

Die gewünschte Behauptung (12) folgt daher aus dem Verschwinden des Exponenten β. Dies folgt wegen

$$D_{21}v_\rho = 0$$

aus der Maximalität des Exponenten (α, β). Der Koeffizient von $D_{21}v_\rho$ zum Exponent $(\alpha+1, \beta-1)$ ist nämlich

$$\beta e_{11}^{\alpha+1} e_{12}^{\beta-1} p(e_{13}, \ldots, e_{nn}) \quad .$$

Wir müssen nur noch zeigen, daß jede der Darstellungen $\rho \sim (\lambda_1, \ldots, \lambda_n) \in (2\mathbb{Z})^n, \lambda_n \geq 0$ in der Zerlegung auftritt. Von besonderer Bedeutung dabei sind die Darstellungen

$$\rho^{[\mu]} \sim (\underbrace{2, \ldots, 2}_{\mu}, 0, \ldots, 0) \quad , \quad 1 \leq \mu \leq n.$$

Diese Darstellungen $\rho^{[\mu]}$ sind in $\mathrm{Symm}^\bullet \mathrm{Symm}^2(\mathbb{C}^n)$ realisiert mit Höchstgewichtvektor

$$v_\mu = \sum_{\sigma \in S_\mu} sign(\sigma) \prod_{i=1}^{i=\mu} e_{i\sigma(i)} \quad .$$

Aus $D_{ij}v_\mu = 0$ folgt $D_{ij}v = 0$ für alle Monome

(13) $$v = \mathrm{const}.v_1^{m_1} \ldots v_n^{m_n} \quad , (m_\mu \in \mathbb{N}_0) \quad .$$

Die Monome (13) sind daher Höchstgewichtvektoren der symmetrischen Algebra von $\mathrm{Symm}^2(\mathbb{C}^n)$. Es folgt sofort, daß jede der behaupteten Darstellungen auftritt. Tatsächlich ist sogar jeder Höchstgewichtvektor in $\mathrm{Symm}^\bullet \mathrm{Symm}^2(\mathbb{C}^n)$ von der Form (13). □

Sei R ein kommutativer Ring und R^n der freie R Modul vom Rang n. Jede $n \times n$ Matrix mit Einträgen in R definiert eine R-lineare Abbildung

$$T : R^n \longrightarrow R^n \quad .$$

Eine Operation von K auf R induziert eine Operation auf solchen Matrizen : $T \mapsto T^g (g \in K)$. Die μ-te äußere Potenz ist funktoriell und definiert die Abbildung

$$T^{[\mu]} : \Lambda^\mu(R^n) \longrightarrow \Lambda^\mu(R^n) \quad .$$

Der Abbildung $T^{[\mu]}$ entspricht die Matrix, welche aus den $\mu \times \mu$ Minoren der Matrix T gebildet ist. Ist T symmetrisch, dann auch $T^{[\mu]}$. Wir wenden dies an für $R = \mathcal{U}(\mathfrak{p}_-)$.

Ist V ein endlich dimensionaler $\mathbb{C}$ Vektorraum, dann kann man die symmetrische Potenz von V nach Wahl einer Basis mit einem Raum von symmetrischen Matrizen identifizieren.

$$\mathrm{Symm}^2(V) \xrightarrow{\sim} \mathrm{Hom}_{\mathrm{Symm}}(V, V) \quad .$$

Der natürlichen Operation von $Gl(V)$ auf $\mathrm{Symm}^2(V)$ entspricht die Operation

$$\rho(g)T = gTg' \quad , \quad T \in \mathrm{Hom}_{\mathrm{Symm}}(V,V)$$

für $g \in Gl(V)$. Die duale Operation ist

$$\rho^*(g)T = (g^{-1})' T g^{-1} \quad . \tag{14}$$

Eine einfache Rechnung zeigt

$$(g')^{-1} E_-^g g^{-1} = E_- \quad , \quad g \in K.$$

Das heißt

$$E_- \in \mathrm{Hom}_{\mathrm{Symm}}(\mathbb{C}^n, \mathbb{C}^n) \underset{\mathbb{C}}{\otimes} R \xrightarrow{\sim} \mathrm{Symm}^2(\mathbb{C}^n) \underset{\mathbb{C}}{\otimes} R$$

ist invariant bezüglich der Operation von K auf dem Tensorprodukt, wobei K auf

$$\mathrm{Hom}_{\mathrm{Symm}}(\mathbb{C}^n, \mathbb{C}^n) \xrightarrow{\sim} \mathrm{Symm}^2(\mathbb{C}^n)$$

mit der dualen Operation (14) operiert.

Aus Funktorialitätsgründen ist dann auch

$$E_-^{[\mu]} \in \mathrm{Hom}_{\mathrm{Symm}}(\Lambda^\mu(R^n), \Lambda^\mu(R^n)) \xrightarrow{\sim}$$

$$\mathrm{Hom}_{\mathrm{Symm}}(\Lambda^\mu(\mathbb{C}^n), \Lambda^\mu(\mathbb{C}^n)) \underset{\mathbb{C}}{\otimes} R \xrightarrow{\sim} \tag{15}$$

$$\mathrm{Symm}^2(\Lambda^\mu(\mathbb{C}^n)) \underset{\mathbb{C}}{\otimes} R$$

invariant unter K. Die Einträge der Matrix $E_-^{[\mu]}$ spannen in $R = \mathcal{U}(\mathbf{p}_-)$ als $\mathbb{C}$-Vektorraum einen Darstellungsraum V_ρ von K auf. Wegen (15) folgt aus dem Schurschen Lemma

$$\mathrm{Symm}^\bullet \mathrm{Symm}^2(\mathbb{C}^n) \hookleftarrow V_\rho \hookrightarrow \mathrm{Symm}^2 \Lambda^\mu(\mathbb{C}^n) \quad .$$

Die Höchstgewichte $(\lambda_1, \ldots, \lambda_n)$ von $\mathrm{Symm}^2 \Lambda^\mu(\mathbb{C}^n)$ sind Summen von Gewichten von $\Lambda^\mu(\mathbb{C}^n)$. Daraus folgt, daß

$$(\underbrace{2, \ldots, 2}_{\mu}, 0, \ldots, 0)$$

das einzig mögliche Höchstgewicht $(\lambda_1, \ldots, \lambda_n) \in (2\mathbb{Z})^n$ eines Summanden von $\mathrm{Symm}^2 \Lambda^\mu(\mathbb{C}^n)$ sein kann. Als Korollar von Lemma 3 erhält man daher:

Die Einträge der Matrix $E^{[\mu]}$ spannen in $\mathcal{U}(\mathbf{p}_-)$ den irreduziblen Summand $V_{\rho^{[\mu]}}$ zur Darstellung $\rho^{[\mu]} \sim (\underbrace{2,\ldots,2}_{\mu},0,\ldots,0)$ auf.

Wie schon erwähnt ist der erste Minor von E_-

$$v_\mu = \det \begin{pmatrix} (E_-)_{11} & \cdots & (E_-)_{1\mu} \\ \vdots & & \vdots \\ (E_-)_{\mu 1} & \cdots & (E_-)_{\mu\mu} \end{pmatrix}$$

Höchstgewichtvektor dieser Darstellung. Analog ist der letzte Minor

$$w_\mu = \det \begin{pmatrix} (E_-)_{hh} & \cdots & (E_-)_{hn} \\ \vdots & & \vdots \\ (E_-)_{nh} & \cdots & (E_-)_{nn} \end{pmatrix} \quad , \quad h = n+1-\mu$$

Niedrigstgewichtvektor von $V_{\rho^{[\mu]}}$.

Sei (V_ρ, ρ) eine irreduzible Darstellung von $Gl_n(\mathbb{C})$ und (V_{ρ^*}, ρ^*) die dazu kontragrediente Darstellung. In Analogie zu den Operatoren $E_-^{[\mu]}$ definieren wir vektorwertige Operatoren

$$E_\rho \in V_\rho \bigotimes_{\mathbb{C}} \mathcal{U}(\mathbf{p}_-) \quad . \tag{16}$$

Ist (V_{ρ^*}, ρ^*) isomorph zu einer Teildarstellung von $\mathcal{U}(\mathbf{p}_-)$, dann ist E_ρ definiert als der bis auf konstante Vielfache eindeutig bestimmte K invariante Vektor

$$(\rho \otimes \mathrm{Ad})(k)E_\rho = E_\rho \ , \ k \in K \tag{17}$$

des Tensorproduktes $V_\rho \otimes \mathcal{U}(\mathbf{p}_-)$. Ansonsten setzen wir $E_\rho = 0$.

G operiert auf $C^\infty(G)$ durch Rechtsmultiplikation. Ableiten induziert eine Operation

$$Xf(g) = \frac{d}{dt} f(g \exp(tx))_{t=0} \quad , \quad X \in \mathcal{G}$$

der Liealgebra $\mathcal{G}$ und somit eine Operation der universell einhüllenden Algebra $\mathcal{U}(\mathcal{G})$. Bekanntlich ist $\mathcal{U}(\mathcal{G})$ auf diese Weise isomorph zur Algebra aller linksinvarianten Differentialoperatoren von G.

Der komplexifizierte Tangentialraum von G am Einselement $T_eG = \mathbf{p}_- \oplus \mathbf{p}_+ \oplus \mathbf{k}$ kann mit $T\mathbf{H}_n \oplus \mathbf{k}$ identifiziert werden. $\mathbf{p}_-$ entspricht dem komplexifizierten antiholomorphen Tangentialraum von $\mathbf{H}_n$ im Punkt $Z_0 = iE$. Differentialoperatoren aus $\mathcal{U}(\mathbf{p}_-)$ sind daher antiholomorph auf $\mathbf{H}^n$, das heißt Polynome in den Ableitungen $d/d\overline{Z}_{ij}$ mit Koeffizienten in $C^\infty(\mathbf{H}_n)$.

Funktionen F aus $C^\infty(G)$ heißen K-endlich, wenn ihre Rechtstranslate mit Elementen aus K einen endlich dimensionalen Teilraum C_F von $C^\infty(G)$ aufspannen. Sei F K-endlich. Der Darstellungsraum C_F von K sei irreduzibel und zur kontragredienten Darstellung einer gegebenen Darstellung (V_ρ, ρ) isomorph. Dem Teilraum C_F von $C^\infty(G)$ kann dann eine Funktion $f : G \longrightarrow V_\rho$ mit dem Transformationsverhalten

$$f(gk) = \rho(k)^{-1} f(g) \quad , \quad k \in K \tag{18}$$

zugeordnet werden. Den Raum C_F gewinnt man aus f durch Anwenden von Linearformen zurück

$$F(g) = L(f(g)) \quad , \quad L \in V_{\rho^*} \quad . \tag{19}$$

Es gilt

$$F(gk) = L(f(gk)) = L(\rho(k)^{-1} f(g)) = (\rho^*(k)L)(f(g)) \quad .$$

Die Zuordnung (19) definiert daher einen Isomorphismus von C_F mit (V_{ρ^*}, ρ^*).

Setzt man

$$J_\rho(g) = \rho(C\mathrm{i} + D) \quad , \quad g = \begin{pmatrix} A & B \\ C & D \end{pmatrix} \in G$$

und

$$h(g) = J_\rho(g) f(g) \quad ,$$

dann folgt aus (18), daß jede Komponente der Funktion h K invariant ist: $h \in C^\infty(G/K; V_\rho)$. $C^\infty(G/K; V_\rho)$ kann mit $C^\infty(\mathbf{H}_n; V_\rho)$ identifiziert werden. Für $h \in C^\infty(G/K)$ und $k \in K$ gilt wegen (17)

$$\begin{aligned}(E_\rho h)(gk) &= ((\mathrm{Ad}(k)E_\rho)h)(g) \\ &= \rho(k)^{-1}(((\mathrm{Ad} \otimes \rho)(k)E_\rho)h)(g) \\ &= \rho(k)^{-1}(E_\rho h)(g) \quad .\end{aligned}$$

Die Funktion $f = E_\rho h$ hat daher das Transformationsverhalten (18). Folglich definiert

$$D_\rho = J_\rho E_\rho$$

einen Differentialoperator

$$D_\rho : C^\infty(\mathbf{H}_n) \longrightarrow C^\infty(\mathbf{H}_n; V_\rho)$$

auf der oberen Halbebene $\mathbf{H}_n$. Linksinvarianz von E_ρ liefert

$$(D_\rho h)(g_0 g) = J_\rho(g_0 g)(E_\rho h)(g_0 g) = [J_\rho(g_0 g) J_\rho(g)^{-1}] D_\rho(h(g_0 g)) \quad ,$$

das heißt, D_ρ ist **ρ-äquivariant**:

$$(D_\rho h)(M(Z)) = \rho(CZ + D) D_\rho(h(M(Z))) \; , \; M \in G \quad .$$

Folgerung: *Der Operator $D_\rho = J_\rho E_\rho$ ist ein ρ-äquivarianter antiholomorpher Differentialoperator auf $\mathbf{H}_n$.*

Ein ρ-äquivarianter antiholomorpher Differentialoperator D auf $\mathbf{H}_n$ ist durch seine Auswertung

$$\check{D}h = (Dh)_{Z=Z_0} \; , \; h \in C^\infty(\mathbf{H}_n)$$

im Punkt $Z_0 = \mathrm{i}E$ bestimmt. Da man $\check{D}$ als Polynom in den Ableitungen $d/d\overline{Z}_{ij}$ mit konstanten Koeffizienten in V_ρ auffassen kann, definiert die Zuordnung $D \mapsto \check{D}$ eine Injektion

$$\left\{ \begin{array}{c} \rho - \text{äquivariante} \\ \text{antiholomorphe} \\ \text{Diff.Operatoren} \\ \text{auf} \quad \mathbf{H}_n \end{array} \right\} \hookrightarrow \mathrm{Symm}^\bullet \left\{ \begin{array}{c} \text{komplexifizierter} \\ \text{antiholomorpher} \\ \text{Tangentialraum} \\ \text{von} \mathbf{H}_n \text{im} \text{Punkt} Z_0 \end{array} \right\} \bigotimes V_\rho \quad .$$

Die rechte Seite wird im folgenden mit

$$\mathrm{Symm}^\bullet(\mathbf{p}_-) \otimes V_\rho$$

identifiziert. Wir wollen zeigen, daß D allein durch sein Symbol $\sigma(D)$ festgelegt ist. Das **Symbol** $\sigma(D)$ von D ist definiert als der nichtverschwindende führende Term $\check{D}_m$ höchster Ordnung in der Entwicklung

$$\check{D} = \sum_{i=0}^{m} \check{D}_i \; , \; D_i \in \mathrm{Symm}^i(\mathbf{p}_-) \otimes V_\rho$$

von $\check{D}$.

Ist $\check{D}$ ein beliebiger Differentialoperator

$$\check{D} = \sum a_\mu (\frac{\partial}{\partial \overline{Z}})^\mu \ , \ a_\mu \in V_\rho \quad (\mu \text{ Multiindex})$$

mit konstanten Koeffizienten in V_ρ, dann ist $[\check{D}|k]$ für $k \in K$ folgendermaßen erklärt. $[\check{D}|k]$ ist der eindeutig bestimmte Differentialoperator mit konstanten Koeffizienten in V_ρ derart, daß

$$[\check{D}|k]h_{Z=Z_0} = D(h(k(Z)))_{Z=Z_0}$$

für alle $h \in C^\infty(\mathbf{H}_n)$ gilt.

Beispiel: Sei $\overline{\partial}$ der symmetrische matrixwertige Differentialoperator mit den Matrixeinträgen $\overline{\partial}_{ij} = \frac{1}{2}(1+\delta_{ij})\frac{\partial}{\partial \overline{Z}_{ij}}$ für $1 \le i,j \le n$ und $\frac{\partial}{\partial \overline{Z}_{ij}} = \frac{1}{2}(\frac{\partial}{\partial X_{ij}} + i\frac{\partial}{\partial Y_{ij}})$. Mit ∂ bezeichnen wir den zu $\overline{\partial}$ konjugiert komplexen Matrixoperator. Ist $M = \begin{pmatrix} A & B \\ C & D \end{pmatrix}$, dann gilt

$$\begin{aligned}\overline{\partial}(h(M(Z))) &= \partial M(\overline{Z})/\partial \overline{Z} \circ (\overline{\partial} h)(M(Z)) \\ &= (C\overline{Z}+D)^{-1}(\overline{\partial} h)(M(Z))(C\overline{Z}+D)'^{-1} \quad .\end{aligned}$$

und folglich

$$[\overline{\partial}|k] = k'\overline{\partial}k \quad .$$

Das heißt, daß die Operation $(\overline{\partial})_{ij} \mapsto [(\overline{\partial})_{ij}|k]$ auf $V = \mathbb{C}[(\overline{\partial})_{ij}] \cong \mathbf{p}_-$ isomorph zur Darstellung $\rho^{[1]}$ auf $\mathrm{Symm}^2(\mathbb{C}^n)$ ist. Der Isomorphismus wird durch die Zuordnung $(\overline{\partial})_{ij} \mapsto e_{ij}$ gegeben. Aus der Kettenregel und der Produktformel für Ableitungen folgt

Folgerung: *Für die Symbole der Operatoren $\check{D}$ stimmt die Zuordnung $\sigma(\check{D}) \mapsto \sigma([\check{D}|k])$ mit der Operation $\mathrm{Symm}^\bullet(\rho^{[1]}) \otimes 1$ von K auf $\mathrm{Symm}^\bullet(\mathbf{p}_-) \otimes V_\rho$ überein .*

Für die Operatoren $\check{D}$ selbst ist dies falsch.

Aus der ρ-Äquivalenz des Operators D folgt

$$\rho(k)[\check{D}|k] = \check{D} \quad .$$

Das Symbol $\sigma(D)$ von D ist daher K invariant bezüglich der Operation $\mathrm{Symm}^\bullet(\rho^{[1]}) \otimes \rho$. Aus Lemma 3 folgt, daß damit $\sigma(D)$ durch die Darstellung ρ bis auf eine Konstante eindeutig bestimmt ist.
Insbesondere folgt:

(20). *Ein ρ-äquivarianter antiholmorpher Differentialoperator D auf $\mathbf{H}_n$ ist durch sein Symbol $\sigma(D)$ festgelegt. Es gilt $D = c \cdot D_\rho$ für eine geeignete Konstante $c \in \mathbb{C}$.*

Die symplektische Gruppe wird von den Substitutionen

$$\begin{pmatrix} 0 & -E \\ E & 0 \end{pmatrix} \quad \text{und} \quad \begin{pmatrix} E & T \\ 0 & E \end{pmatrix}$$

für reelle symmetrische Matrizen T erzeugt. ρ-Äquivarianz ist daher gleichbedeutend mit

$$\text{(21)} \qquad \begin{aligned} (Dh)(Z^*) &= \rho(Z)D(h(Z^*)) \quad , \quad Z^* = -Z^{-1} \\ (Dh)(Z+T) &= D(h(Z+T)) \quad , \quad T = T' = \overline{T} \quad . \end{aligned}$$

Die zweite Gleichung bedeutet, daß die Koeffizienten des Differentialoperators D als Funktion auf $\mathbf{H}_n$ nur von $Y = \mathrm{Im}(Z)$ abhängen.

Für $E \in \mathbf{p}_-$ gilt bekanntlich $EJ_\rho(g) = 0$. Siehe [5]. Daher gilt für $E \in \mathcal{U}(\mathbf{p}_-)$ und Funktionen $f : G \to V_\rho$ mit dem Transformationsverhalten (18)

$$Ef = E(J_\rho^{-1}h) = J_\rho^{-1}(Eh) \quad , \quad h = J_\rho f \in C^\infty(\mathbf{H}_n; V_\rho) \quad .$$

Die Beschreibung der Operation von $\mathcal{U}(p_-)$ auf K endlichen Funktionen reduziert sich daher auf die Beschreibung der Operation von $\mathcal{U}(\mathbf{p}_-)$ auf K invarianten Funktionen. Für letzteres genügt es die Wirkung der Operatoren D_ρ zu kennen. Zumindest für einige der Operatoren D_ρ werden wir eine **explizite Beschreibung** angeben.

Im Fall der Darstellungen $\rho = \rho^{[\mu]^*}$ bezeichnen wir den Operator D_ρ auch mit $D^{[\mu]}$. Verwendet man die Operatormatrix $\overline{\partial}$ wie oben definiert, dann gilt

$$\text{(22)} \qquad (D^{[\mu]}h)(Z) = (-4\mathrm{i})^\mu Y^{[\mu]}(\det(Y)^{\frac{\mu-1}{2}}\overline{\partial}^{[\mu]} \det(Y)^{\frac{-\mu+1}{2}} h(Z))Y^{[\mu]} \quad .$$

Vereinbarungshalber operiere der matrixwertige Differentialoperator $\overline{\partial}^{[\mu]}$ dabei nur auf den Funktionen innerhalb der Klammer. Wie üblich bezeichne $T^{[\mu]} \in \mathrm{Hom}(\Lambda^\mu R^n, \Lambda^\mu R^n)$ die Matrix der $\mu \times \mu$-Minoren einer gegebenen Matrix $T \in \mathrm{Hom}(R^n, R^n)$; $T = Z, Y, \overline{\partial}, \ldots$ etc. .

Zum Beweis von (22) genügt es die Eigenschaften (21) für die rechte Seite von (22) nachzuprüfen. Wegen (20) folgt die Gleichheit beider Seiten bis auf eine Proportionalitätskonstante. Die Bestimmung dieser Konstante reduziert man sofort auf den Fall $\mu = 1$ und eine direkte Rechnung. Wir beschränken uns auf den Nachweis der ersten Behauptung

$$
\begin{aligned}
(Dh)(Z) &= \{\rho^{[\mu]^*}(Z) D(h(Z^*))\}_{Z \mapsto Z^*} \\
&= \{(Z^{-1})^{[\mu]} D(h(Z^*))(Z^{-1})^{[\mu]}\}_{Z \mapsto Z^*}
\end{aligned}
\tag{23}
$$

für den Operator D auf der rechten Seite von Gleichung (22). Wir verwenden die Abkürzungen $\mathbf{x} = (\frac{\mu-1}{2}), (Z^{-1})^{[\mu]} = Z^{-[\mu]}, \det(Y) = |Y|$. Wegen $(Z^*)^{[\mu]} = (-1)^\mu Z^{-[\mu]}$ ist (23) äquivalent zu

$$
Y^{[\mu]}|Y|^{\mathbf{x}}(\overline{\partial}^{[\mu]}|Y|^{-\mathbf{x}} f(Z)) Y^{[\mu]} = (ZY^*)^{[\mu]}|Y^*|^{\mathbf{x}}(\overline{\partial}^{[\mu]}|Y|^{-\mathbf{x}} f(Z^*))_{Z \mapsto Z^*}(Y^* Z)^{[\mu]} \quad .
$$

Wir setzen $g(Z) = |Y|^{-\mathbf{x}} f(Z)$. Wegen $Y^* = \operatorname{Im}(Z^*) = Z^{-1} Y \overline{Z}^{-1} = \overline{Z}^{-1} Y Z^{-1}$ erhält man die äquivalente Gleichung

$$
\overline{\partial}^{[\mu]} g(Z) = (\overline{Z})^{-[\mu]} |Z^* \overline{Z}^*|^{\mathbf{x}} (\overline{\partial}^{[\mu]} |Z \overline{Z}|^{-\mathbf{x}} g(Z^*))_{Z \mapsto Z^*} (\overline{Z})^{-[\mu]} \quad .
$$

Wir wählen hierbei für $|Z|^{\frac{1}{2}}$ (analog für $|\overline{Z}|^{\frac{1}{2}}$) eine holomorphe Wurzel von $|Z|$ auf $\mathbf{H}_n$, auf deren Wahl es allerdings nicht ankommt. Den Term $|Z|^{-\mathbf{x}}$ kann man an der Ableitung vorbeiziehen, so daß er sich weghebt. Die rechte Seite ist daher gleich

$$
(\overline{Z})^{-[\mu]}[(-1)^\mu |\overline{Z}|^{\mathbf{x}} (\overline{Z}^{[\mu]} \overline{\partial}^{[\mu]})' |\overline{Z}|^{-\mathbf{x}} g(Z^*)]_{Z \mapsto Z^*} \quad .
$$

Die benötigte Identität ergibt sich daher aus der Formel ([11],Seite 214)

$$
\widehat{Y^{[\mu]} \partial_Y^{[\mu]}} = (-1)^{[\mu]} |Y|^{\mathbf{x}} (Y^{[\mu]} \partial_Y^{[\mu]})' |Y|^{-\mathbf{x}}
$$

durch "analytische" Fortsetzung. Hierbei ist in der Notation von [11]: $(\hat{D}h)(Y) = (D(h(Y^{-1}))_{Y \mapsto Y^{-1}}$. Damit ist (22) bewiesen. □

Jedem irreduziblen Darstellungsraum $\mathcal{V}$ von K in $\mathcal{U}(\mathbf{p}_-)$ wurde ein vektorwertiger Differentialoperator E_ρ zugeordnet. Liegen die Werte von E_ρ in V_ρ, so erhält man die Operatoren aus $\mathcal{V}$ durch Anwenden von Linearformen

$$
\operatorname{Spur}(v \cdot E_\rho) \in \mathcal{V} \ , \ v \in \operatorname{Hom}(V_\rho, \mathbb{C}) \quad .
$$

Eine analoge Schreibweise verwenden wir für die Operatoren D_ρ. Höchst- und Niedrigstgewichtvektoren von $\mathcal{V}$ erhält man durch Spurbildung mit dem Höchstgewichtvektor bzw. Niedrigstgewichtvektor der dualen Darstellung $\mathrm{Hom}(V_\rho, \mathbb{C})$ von (V_ρ, ρ).

Ist $E \in \mathcal{U}(\mathbf{p}_-)$ und $h \in C^\infty(G/K)$, dann gilt wegen $EJ_\rho = 0$ und $J_\rho(1) = \mathrm{id}$

$$\begin{aligned}[E\,\mathrm{Spur}(v \cdot E_\rho)h](1) &= [\mathrm{Spur}(v \cdot J_\rho^{-1} E D_\rho)h](1) \quad , \quad E_\rho = J_\rho^{-1} D_\rho \\ &= [E\,\mathrm{Spur}(v \cdot D_\rho)h](1) \quad .\end{aligned}$$

Ist daher

$$E = \prod_i \mathrm{Spur}(v_i \cdot E_{\rho_i}) \, , \; v_i \in \mathrm{Hom}(V_{\rho_i}, \mathbb{C}) \quad ,$$

dann folgt durch Induktion

$$(24) \qquad (Eh)(1) = [\prod_i \mathrm{Spur}(v_i \cdot D_{\rho_i})h](1) \, , \; h \in C^\infty(G/K) \quad .$$

Wir fixieren Höchst- und Niedrigstgewichtvektoren v_μ und w_μ der Darstellungen $(V_{\rho^{[\mu]}}, \rho^{[\mu]})$, so daß $\mathrm{Spur}(v_\mu \cdot E_-^{[\mu]})$ und $\mathrm{Spur}(w_\mu \cdot E_-^{[\mu]})$ gerade die ersten bzw. letzten $\mu \times \mu$ Minoren der Matrix E sind.

Es sei B_n^+ die Gruppe der unteren Dreiecksmatrizen in $Gl_n(\mathbb{R})$

$$B_n^+ = \left\{ \begin{pmatrix} t_{11} & & 0 \\ & \ddots & \\ * & & t_{nn} \end{pmatrix} , \; t_{ii} > 0 \right\} \quad .$$

Der Imaginärteil Y einer Matrix $Z \in \mathbf{H}_n$ schreibt sich in der Form

$$Y = TT' \, , \; t \in B_n^+ \quad .$$

Sind $s_1, ..., s_n \in \mathbb{C}$, dann sei

$$f(Y, \underline{s}) = \prod_{i=1}^n t_{ii}^{s_i} \, , \; Y = TT' \quad .$$

Analog erhält man die Funktion

$$F(g, \underline{s}) = \prod_{i=1}^n t_{ii}^{s_i}$$

auf der Borelgruppe P der Matrizen

$$p = \begin{pmatrix} T & * \\ 0 & (T')^{-1} \end{pmatrix} , \ T \in B_n^+$$

von G. Da jedes Element $g \in G$ eine eindeutige Zerlegung $g = pk$ mit $p \in P$ und $k \in K$ besitzt, kann $F(g, \underline{s})$ durch $F(pk, \underline{s}) = F(p, \underline{s})$ auf ganz G fortgesetzt werden. Es gilt

$$(25) \qquad F(pg, \underline{s}) = F(p, \underline{s}) F(g, \underline{s}) \ , \ p \in P, g \in G \quad .$$

Da $F(g, \underline{s})$ rechtsinvariant unter K ist, kann $F(g, \underline{s})$ als Funktion auf $\mathbf{H}_n$ aufgefaßt werden. Man erhält auf diese Weise die oben definierte Funktion $f(\mathrm{Im}(Z), \underline{s})$.

Wegen der Linksinvarianz der Operatoren E aus $\mathcal{U}(\mathbf{p}_-)$ gilt (25) für alle Ableitungen $EF(g, \underline{s})$. Man erhält die **Eigenwertgleichung**

$$EF(p, \underline{s}) = \chi(E, \underline{s}) F(p, \underline{s}) \ , \ p \in P$$

für Konstanten $\chi(E, \underline{s})$. Es gilt $\chi(E, \underline{s}) = EF(1, \underline{s})$.

Lemma 4: *Ist E Höchstgewichtvektor beziehungsweise Niedrigstgewichtvektor einer irreduziblen Teildarstellung $\rho \sim (\lambda_1, \ldots, \lambda_n)$ von K in $\mathcal{U}(\mathbf{p}_-)$, dann ist*

$$\chi(E, \underline{s}) = 2^\lambda \prod_{i=1}^{n} \frac{\Gamma(\frac{1}{2}s_i + \frac{1}{2}\lambda_i - \frac{i-1}{2})}{\Gamma(\frac{1}{2}s_i - \frac{i-1}{2})}$$

beziehungsweise

$$\chi(E, \underline{s}) = 2^\lambda \prod_{j=1}^{n} \prod_{i=n+1-j}^{n} \frac{\Gamma(\frac{1}{2}s_i + \frac{1}{2}\lambda_j - \frac{i+j-n-1}{2})}{\Gamma(\frac{1}{2}s_i + \frac{1}{2}\lambda_{j+1} - \frac{i+j-n-1}{2})} \quad .$$

Hierbei ist $\lambda_{n+1} = 0$ und $\lambda = \frac{1}{2}(\lambda_1 + \ldots + \lambda_n)$.

Beweis:

1. Schritt (Reduktion auf $\rho = \rho^{[\mu]}$.

Der Höchstgewichtvektor E ist ohne Einschränkung

$$E = \prod_{\mu=1}^{n} \mathrm{Spur}(v_\mu \cdot E_-^{[\mu]})^{m_\mu} \ , \ m_\mu = \lambda_\mu - \lambda_{\mu+1} \quad .$$

Analog erhält man den Niedrigstgewichtvektor, indem man v_μ durch w_μ ersetzt. Für $\rho = \rho^{[\mu]}, Y = TT', T \in B_n^+$ und $g = \begin{pmatrix} T & 0 \\ 0 & (T')^{-1} \end{pmatrix}$ ergibt sich

$$\mathrm{Spur}(v_\mu \cdot D^{[\mu]})f(Y,\underline{s}) = \mathrm{Spur}(v_\mu \cdot J_{\rho^*}(g)E_-^{[\mu]})f(g,\underline{s})$$

$$= \mathrm{Spur}(\rho(T')v_\mu \cdot E_-^{[\mu]})f(g,\underline{s})$$

$$= \chi(\mathrm{Spur}(v_\mu \cdot E_-^{[\mu]}), s)f(Y, \underline{s} + \underline{\lambda}) \ , \ \rho \sim \lambda = (\lambda_1, \ldots, \lambda_n) \ .$$

Die erste Behauptung des Lemmas reduziert sich daher wegen (24) sofort auf die entsprechende Behauptung in den Spezialfällen $\rho = \rho^{[\mu]}(1 \leq \mu \leq n)$. Im Fall der Niedrigstgewichtvektoren ist die Reduktion nicht ganz so einfach. Hier schließt man folgendermaßen.

Sei $\mathcal{F}$ der von endlichen Summen $\sum_{j=1}^{N} P_j(Y)f(Y,\underline{t_j})$ aufgespannte Raum der Funktionen. Hierbei seien $P_j(Y)$ Polynome in den Koordinaten von Y und $\underline{t}_j$ seien aus $\mathbb{C}^n$ mit $\underline{t}_j \in \underline{s} + (2\mathbb{Z})^n$. Aus der expliziten Beschreibung (22) der Operatoren $D^{[\mu]}$ folgt $\mathrm{Spur}(v \cdot D^{[\mu]})\mathcal{F} \subseteq \mathcal{F}$ für alle $v \in V_{\rho^{[\mu]}}$. Jede Funktion in $\mathcal{F}$ ist von der Form $P(Y)f(Y,\underline{t})$ für ein Polynom $P(Y)$ und ein geeignetes $\underline{t} \in \underline{s} + (2\mathbb{Z})^n$. Sei $\mathcal{F}_i$ der Unterraum aller Funktionen in $\mathcal{F}$, welche beim Einsetzen von Y mit $Y_{uv} = 0$ für $u \neq v, u \leq n - i$ verschwinden. Insbesondere ist $f(Y) = 0$ für $f \in \mathcal{F}_1$ und $Y = E$. Man erhält Inklusionen

$$0 = \mathcal{F}_n \subseteq \mathcal{F}_{n-1} \subseteq \ldots \subseteq \mathcal{F}_2 \subseteq \mathcal{F}_1 \subseteq \mathcal{F} \ .$$

Behauptung : Es gilt

$$\mathrm{Spur}(w_\mu \cdot D^{[\mu]})\mathcal{F}_\mu \subseteq \mathcal{F}_\mu \tag{26}$$

und

$$\mathrm{Spur}(w_\mu \cdot D^{[\mu]})f(Y,\underline{s}) - \chi(\mathrm{Spur}(w_\mu \cdot E_-^{[\mu]}),\underline{s})f(Y,\underline{\tilde{s}}) \in \mathcal{F}_\mu \tag{27}$$

für $\tilde{s} = s + (0, \ldots, 0, \underbrace{2, \ldots, 2}_{\mu}) =: s + \tilde{w}\lambda^{[\mu]})$.

Die Berechnung von $\chi(E,\underline{s})$ ist damit auch in diesem Fall auf die Berechnung der $\chi(\mathrm{Spur}\,(w_\mu \cdot E_-^{[\mu]}, \underline{s}))$ zurückgeführt. Man wendet dazu die Operatoren $\mathrm{Spur}\,(w_\mu \cdot D^{[\mu]})$ in der Reihenfolge $j = n, \ldots, 1$ an und erhält

$$\chi(E,\underline{s}) = \prod_{\mu=1}^{n} \prod_{i=1}^{m_\mu} \chi(\mathrm{Spur}(w_\mu \cdot E_-^{[\mu]}), \underline{s} + (i-1)\tilde{w}\lambda^{[\mu]} + \Lambda_\mu)$$

mit

$$\Lambda_j = \sum_{\mu=j+1}^{n} m_\mu(\tilde{w}\lambda^{[\mu]}) \quad .$$

Es bleibt noch (26) und (27) zu zeigen.
Beweis von (26): Nach Spezialisieren $Y_{uv} = 0$ für $u \neq v, u \leq n-\mu$ ist Y von der Gestalt

$$Y = \begin{pmatrix} Y_1 & 0 \\ 0 & Y_2 \end{pmatrix} , \; Y_2 = Y_2^{(\mu,\mu)}, Y_1 \text{diagonal} \quad .$$

Für solche Y ergibt sich aus (22)

$$\text{Spur}\,(w_\mu \cdot D^{[\mu]}) = \text{const} \cdot |Y|^{\frac{\mu-1}{2}} \det{(Y_2)}^2 \det\begin{pmatrix} \overline{\partial}_{hh} & \cdots \\ \cdots & \overline{\partial}_{nn} \end{pmatrix} |Y|^{\frac{1-\mu}{2}}$$

für $h = n+1-\mu$. Da alle auftretenden Ableitungen mit den Variablen $Y_{uv}, u \leq n-\mu$ vertauschen, folgt die Behauptung.
Beweis von (27):
Aus der $\rho^{[\mu]*}$ - Äquivarianz von $D^{[\mu]}$ folgt

$$(D^{[\mu]}f)(UYU') = \rho^{[\mu]*}(U')^{-1} D^{[\mu]}(f(UYU')) \quad .$$

Für $U \in B_n^+$ und $Y = E$ folgt

$$(D^{[\mu]}f)(UU',\underline{s}) = \rho^{[\mu]}(U)f(UU',\underline{s})(D^{[\mu]}f)(E,\underline{s}) \quad . \tag{28}$$

Wir bilden die Spur mit w_μ und spezialisieren U

$$U = \begin{pmatrix} T_1 & 0 \\ 0 & T_2 \end{pmatrix} \quad , \quad T_2 = T_2^{(\mu,\mu)} \; , \; T_1 \text{ diagonal} \quad .$$

Dies entspricht $Y_{uv} = 0$ für $u \neq v, u \leq n-\mu$ und $Y = UU'$. Die rechte Seite von (28) ist dann

$$\text{Spur}\,(w_\mu \cdot \rho^{[\mu]}(U)D^{[\mu]}f)(E,\underline{s}) \circ f(UU',\underline{s}) \quad .$$

Wegen

$$\rho^{[\mu]*}(U^{-1})w_\mu = (U')^{[\mu]} \begin{pmatrix} 0 & 0 \\ 0 & E \end{pmatrix}^{[\mu]} U^{[\mu]}, E = E^{(\mu,\mu)}$$

$$= \det{(T_2)}^2 w_\mu$$

ergibt sich

$$\chi(\mathrm{Spur}\,(w_\mu \cdot E_-^{[\mu]}), \underline{s})\,\det{(T_2)}^2 f(UU', \underline{s})$$

für die rechte Seite von (28) und damit Behauptung (27).

2.Schritt(Der Fall $\rho = \rho^{[n]}$).

Sei $\overline{\partial} = \frac{1}{2}\partial_X + \frac{1}{2}i\partial_Y$. Nach [25], Seite 83 gilt

$$\det(Y)\det(\partial_Y)\prod_{i=1}^{n} t_{ii}^{2s_i+i-\frac{n+1}{2}} = \prod_{i=1}^{n}(s_i + \frac{n-1}{4})\prod_{i=1}^{n} t_{ii}^{2s_i+i-\frac{n+1}{2}} \quad .$$

Es folgt

$$D^{[n]} f(Y, \underline{s}) = 2^n |Y|^{\frac{n+3}{2}} \det{(\partial_Y)} |Y|^{\frac{1-n}{2}} f(Y, \underline{s})$$

$$= 2^n |Y|^{\frac{n+3}{2}} \det{(\partial_Y)} \prod_{i=1}^{n} t_{ii}{}^{2(\frac{1}{2}s_i - \frac{i}{2} - \frac{n-1}{4} + \frac{1}{2}) + i + \frac{n-1}{2}}$$

$$= 2^n \prod_{i=1}^{n}(\frac{1}{2}s_i - \frac{i}{2} - \frac{n-1}{4} + \frac{1}{2} + \frac{n-1}{4})\det{(Y)} f(Y, \underline{s}) \quad .$$

Für $v_n = w_n$ ist dann

$$\chi(\mathrm{Spur}(v_n \cdot E_-^{[n]}), \underline{s}) = \prod_{i=1}^{n}(s_i - i + 1)$$

(29)

$$= 2^n \prod_{i=1}^{n} \frac{\Gamma(\frac{1}{2}s_i + 1 - \frac{i-1}{2})}{\Gamma(\frac{1}{2}s_i - \frac{i-1}{2})}.$$

3.Schritt(Reduktion auf $\rho = \rho^{[n]}$).

Wir betrachten das Integral

$$J(Y, \underline{s}) = \int_{T \in B_n^+} f(TT', \underline{s}) e^{-\mathrm{Spur}(TT'Y^{-1})} dv$$

mit dv als linksinvariantem Haarmaß auf B_n^+. Ist der Realteil jeder Koordinate von $\underline{s}$ genügend groß, dann konvergiert das Integral. Aus der Linksinvarianz des Maßes dv folgt

$$f(Y, \underline{s}) = \frac{J(Y, \underline{s})}{J(E, \underline{s})} \quad .$$

Die Wirkung von $D^{[\mu]}$ auf $f(Y,\underline{s})$ ist dieselbe wie die des Operators

$$L = 2^\mu Y^{[\mu]} |Y|^{\frac{\mu-1}{2}} (Y^{[\mu]} \partial_Y^{[\mu]})' |Y|^{\frac{1-\mu}{2}} \quad .$$

Wie bereits erwähnt ist der bezüglich $Y \mapsto Y^{-1}$ transformierte Operator $\hat{L}$ von L gleich

$$\hat{L} = (-2)^\mu \partial_{Y^{[\mu]}} \quad .$$

Es folgt

$$D^{[\mu]} f(Y,\underline{s}) = \frac{(LJ)(Y,s)}{J(E,\underline{s})}$$

mit

$$(LJ)(Y,\underline{s}) = \int f(TT',\underline{s}) (\hat{L} e^{-\operatorname{Spur}(TT'Y)})_{Y \mapsto Y^{-1}} dv$$

und

$$(LJ)(E,\underline{s}) = 2^\mu \int f(TT',\underline{s}) (TT')^{[\mu]} e^{-\operatorname{Spur}(TT')} dv \quad .$$

Wegen

$$T = \begin{pmatrix} T_1 & 0 \\ X & T_2 \end{pmatrix} \ , \ TT' = \begin{pmatrix} T_1 T_1' & * \\ * & XX' + T_2 T_2' \end{pmatrix} \ , \ T_2 = T_2^{(\mu,\mu)}$$

ergibt sich durch Spurbildung mit w_μ aus $(LJ)(E,\underline{s})$:

(30)
$$\begin{aligned} &2^\mu \int f(TT',\underline{s}) \det(XX' + T_2T_2') e^{-\operatorname{Spur}(S(XX'+T_2T_2')+T_1T_1')} dv \\ &= (-2)^\mu \det\left(\frac{\partial}{\partial S}\right) \int f(TT',\underline{s}) e^{-\operatorname{Spur}(S(XX'+T_2T_2')+T_1T_1')} dv \end{aligned}$$

für $S = E^{(\mu,\mu)}$. Setzt man

$$S = U'U \quad , \quad U \in B_\mu^+$$

dann ist

$$S^{-1} = U^{-1}(U^{-1})' \quad .$$

Wegen $\begin{pmatrix} E & 0 \\ 0 & U \end{pmatrix}\begin{pmatrix} T_1 & 0 \\ X & T_2 \end{pmatrix} = \begin{pmatrix} T_1 & 0 \\ UX & UT_2 \end{pmatrix}$ und der Linksinvarianz von dv ergibt sich für (30):

$$(-2)^{\mu} \det(\frac{\partial}{\partial S}) \int f(\begin{pmatrix} E & 0 \\ 0 & U^{-1} \end{pmatrix} TT' \begin{pmatrix} E & 0 \\ 0 & U^{-1} \end{pmatrix}', \underline{s}) e^{-\operatorname{Spur}(TT')} dv$$

$$= (-2)^{\mu} \det(\frac{\partial}{\partial S}) f(\begin{pmatrix} E & 0 \\ 0 & U^{-1} \end{pmatrix}\begin{pmatrix} E & 0 \\ 0 & U^{-1} \end{pmatrix}', \underline{s}) \int f(TT', \underline{s}) e^{-\operatorname{Spur}(TT')} dv$$

für $S = E^{(\mu,\mu)}$. Es folgt

$$\chi(\operatorname{Spur}(w_{\mu} \cdot E_{-}^{[\mu]}), \underline{s}) = (-2)^{\mu} \det(\frac{\partial}{\partial S}) f(S^{-1}, \hat{s})|_{S=E^{(\mu,\mu)}}$$

für $\hat{s} = (s_{n+1-\mu}, \ldots, s_n)$. Damit haben wir die Berechnung auf den Fall $n = \mu$ zurückgeführt. Nochmaliges Anwenden der Transformation $S \mapsto S^{-1}$ liefert wegen (29)

$$\chi(\operatorname{Spur}(w_{\mu} \cdot E_{-}^{[\mu]}) , \underline{s}) = s_{n+1-\mu}(s_{n+2-\mu} - 1) \ldots (s_n - \mu + 1)$$

(31)
$$= 2^{\mu} \prod_{i=n+1-\mu}^{n} \frac{\Gamma(\frac{1}{2}s_i + 1 - \frac{i+\mu-n-1}{2})}{\Gamma(\frac{1}{2}s_i - \frac{i+\mu-n-1}{2})} \quad .$$

Dies gilt durch analytische Fortsetzung für alle $\underline{s} \in \mathbb{C}^n$. Eine analoge Rechnung zeigt

$$\chi(\operatorname{Spur}(v_{\mu} \cdot E_{-}^{[\mu]}), \underline{s}) = s_1(s_2 - 1) \ldots (s_{\mu} - \mu + 1)$$
$$= 2^{\mu} \prod_{i=1}^{\mu} \frac{\Gamma(\frac{1}{2}s_i + 1 - \frac{i-1}{2})}{\Gamma(\frac{1}{2}s_i - \frac{i-1}{2})} \quad .\square$$

Analog erhält man

Lemma 5: *Es gilt* $(E_{-}F)(g,s) = F(g,s)k' \begin{pmatrix} s_1 & & 0 \\ & \ddots & \\ 0 & & s_n \end{pmatrix} k$ *für* $g = pk$ *und* $p \in P, k \in K \quad (K \cong U(n))$.

Beweis: Aus (17) und der Eigenwertgleichung für $F(g, \underline{s})$ folgt

$$(E_{-}F)(g, \underline{s}) = \rho^{[1]^*}(k)^{-1}(E_{-}F)(p, \underline{s}) = \rho^{[1]}(k')(E_{-}F)(1, \underline{s})F(g, \underline{s}) \quad .$$

Beim Beweis von Lemma 4 ergab sich für $E_-F(1,\underline{s})$

$$(E_-F)(1,\underline{s}) \int_{B_n^+} f(TT',\underline{s}) e^{-\mathrm{Spur}(TT')} dv = 2 \int_{B_n^+} f(TT',\underline{s}) TT' e^{-\mathrm{Spur}(TT')} dv \quad .$$

Die Einträge der Matrix TT' in den Nebendiagonalen sind ungerade Funktionen $(TT')_{ij} = \sum_k T_{ik}T_{jk}$ der Variablen T_{ik}. Das Integral auf der rechten Seite ist daher null in den Nebendiagonalen. Die Berechnung der Diagonale erfolgt wie in Lemma 4. Die Substitution

$$T \mapsto \begin{pmatrix} u_1 & & 0 \\ & \ddots & \\ 0 & & u_n \end{pmatrix}^{\frac{1}{2}} \cdot T$$

liefert

$$E_-F(1,\underline{s})_{ii} = -2\frac{d}{du_i} f\left(\begin{pmatrix} u_1 & & 0 \\ & \ddots & \\ 0 & & u_n \end{pmatrix}^{-1}, \underline{s}\right)\Big|_{u_i=1}$$

und wegen

$$f\left(\begin{pmatrix} u_1 & & 0 \\ & \ddots & \\ 0 & & u_n \end{pmatrix}^{-1}, \underline{s}\right) = \prod_i u_i^{-\frac{s_i}{2}}$$

die Behauptung. □

Sei F eine K-endliche Funktion auf G mit der Eigenschaft

$$F(pg) = F(p,\underline{s})F(g)\ ,\ \underline{s} = (s_1,\ldots,s_n) \quad . \tag{32}$$

Wir nehmen an, der Raum C_F der K-Rechtstranslate von F sei irreduzibel.Dann gibt es eine Funktion $f: G \to V_\rho$ mit $F(g) = L(f(g))$, $L \in \mathrm{Hom}(V_\rho, \mathbb{C})$ im Sinne von (19). Wegen der Irreduzibilität von C_F sind äquivalent

i) $E_-F(g) = 0$

ii) $E_-f(g) = 0$.

Gilt (i), dann folgt (ii) aus $Ad(k)\mathbf{p}_- = \mathbf{p}_-(k \in K)$ und $(E_-F)(gk) = 0$ für alle $k \in K$. Als unmittelbare Konsequenz von (22) ergibt sich

Lemma 6: *Mit obigen Bezeichnungen gilt $E_- f(g) = 0$ genau dann, wenn $f(1)$ Höchstgewichtvektor von V_ρ und $\rho \sim (s_1, \ldots, s_n)$ ist.*

Abschließend soll nun die Wirkung des Operators $E_+^{[\mu]}$ in den Koordinaten der oberen Halbebene berechnet werden.
Es sei wie bisher $f : G \to V_\rho$ eine Funktion mit dem Transformationsverhalten

$$f(gk) = \rho(k)^{-1} f(g) \ , \ k \in K$$

und

$$h(g) = J_\rho(g) f(g)$$

die zugeordnete K-rechtsinvriante Funktion. Es gilt

$$E_+^{[\mu]} f = \overline{E_-^{[\mu]} \overline{f}} = \overline{E_-^{[\mu]} \overline{J_\rho(g)^{-1} h}} \quad .$$

Für $k \in K$ gilt $\overline{\rho}(k) = \rho^*(k)$, wenn ρ unitär ist, was wir ohne Einschränkung annehmen werden. Daher

$$E_+^{[\mu]} f = \overline{E_-^{[\mu]} J_{\rho^*}^{-1} J_{\rho^*} \overline{J_\rho^{-1}} \overline{h}} = \overline{J_{\rho^*}^{-1}} \, \overline{E_-^{[\mu]} J_{\rho^*} \overline{J_\rho^{-1}} \overline{h}} \quad .$$

Die Funktion $J_{\rho^*} \overline{J_\rho^{-1}}$ ist K-rechtsinvariant und für $b \in B_n^+$ gilt

$$\rho^*(T')^{-1} \overline{\rho(T'^{-1})^{-1}} = \rho(T) \overline{\rho(T')} = \rho(TT') = \rho(Y) \quad .$$

Es gilt $E_-^{[\mu]} = E_\rho$ für $\rho = \rho^{[\mu]*}$ und daher

$$D^{[\mu]} = J_{\rho^{[\mu]*}} E_-^{[\mu]}$$

Folglich

$$E_+^{[\mu]} f = J_{\rho^*}^{-1} \overline{J_{\rho^{[\mu]*}}^{-1} D^{[\mu]} \rho(Y) \overline{h}} \quad .$$

Da $E_+^{[\mu]} f$ eine Funktion mit dem Transformationsverhalten

$$E_+^{[\mu]} f(gk) = \rho \otimes \rho^{[\mu]}(k)^{-1} E_+^{[\mu]} f(g)$$

ist, erhält man als zugeordnete K-rechtsinvariante Funktion

$$\tilde{h}(g) = J_{\rho \otimes \rho^{[\mu]}}(g) E_+^{[\mu]} f(g) \quad .$$

Der $E_+^{[\mu]}$ zugeordnete Operator $D_+^{[\mu]}$ auf der oberen Halbebene ist

$$D_+^{[\mu]} : C^\infty(\mathbf{H}_n, V_\rho) \longrightarrow C^\infty(\mathbf{H}_n, V_\rho \otimes V_{\rho^{[\mu]}})$$

definiert durch die Zuordnung $h \mapsto \tilde{h}$

$$\tilde{h} = (4\mathrm{i})^\mu (\rho \otimes \det{}^{\frac{1-\mu}{2}})(Y^{-1}) \partial^{[\mu]} (\rho \otimes \det{}^{\frac{1-\mu}{2}})(Y) \cdot h \quad .$$

Hierbei ist der ∂ der zu $\overline{\partial}$ konjugiert komplexe Operator. Die Formel für $\tilde{h}$ ergibt sich wegen

$$\tilde{h} = \rho \otimes \rho^{[\mu]*}(Y) \overline{D^{[\mu]} \rho(Y) \overline{h}}$$

$$= \rho(Y)^{-1} \rho^{[\mu]}(Y)^{-1} \overline{(-4\mathrm{i})^\mu \rho^{[i]}(Y) \det(Y)^{\frac{\mu-1}{2}} \overline{\partial}^{[\mu]} \det(Y)^{\frac{-\mu+1}{2}} \rho(Y) \overline{h}}$$

$$= (4\mathrm{i})^\mu \rho(Y)^{-1} \det(Y)^{\frac{\mu-1}{2}} \partial^{[\mu]} \det(Y)^{\frac{1-\mu}{2}} \rho(Y) h \quad .$$

4 AUTOMORPHE FORMEN

Sei π eine stetige Darstellung der Gruppe G auf einem separablen komplexen Hilbertraum H. Die Einschränkung der Darstellung (H,π) auf die maximal kompakte Gruppe K von G zerfällt in eine Hilbertraumsumme von Teildarstellungen H_ρ. H_ρ ist derjenige Teilraum von H, auf welchem die Operation von K isomorph zu einer Hilbertraumsumme der irreduziblen Darstellung (V_ρ,ρ) von K ist.

Die Darstellung (H,π) heißt **zulässig**, wenn H_ρ für alle irreduziblen Darstellungen ρ von K ein endlichdimensionaler Vektorraum ist. Wir nehmen an, (H,π) sei zulässig. Es ist wohlbekannt, daß man dann auf der algebraischen Summe $\bigoplus_\rho H_\rho$ der K-endlichen Vektoren in H eine Operation der Liealgebra $\mathcal{G}$ erhält. Diese Summe wird daher zu einem $(K,\mathcal{G})$ Modul. Siehe [32].

Ist $e_1,\ldots,e_r$ eine Basis von $\mathcal{G}$ und $e_1^*,\ldots,e_r^*$ die Dualbasis bezüglich der Killingform, dann ist

$$\check{C} = \sum_{j=1}^{r} e_j e_j^* \,,\, \check{C} \in \mathcal{U}(\mathcal{G}) \tag{33}$$

im Zentrum der universell einhüllenden Algebra $\mathcal{U}(\mathcal{G})$. Dieses Element ist der sogenannte **Casimiroperator**.

Ist (H,π) eine irreduzible unitäre Darstellung von G, dann ist nach einem Satz von Harish-Chandra [32] die Darstellung (H,π) zulässig. Aus dem Schurschen Lemma folgt, daß der Casimiroperator mit einem skalaren Vielfachen der Identität auf $\bigoplus_\rho H_\rho$ operiert.

Sei $||.||$ die euklidische Norm auf dem $\mathbb{R}^n$. Ist $\lambda = (\lambda_1,\ldots,\lambda_n)$ Höchstgewicht der irreduziblen Darstellung ρ von K, dann fassen wir λ und $\delta = (n, n-1,\ldots,2,1)$ als Vektoren in $\mathbb{R}^n$ auf.

Lemma 7: *Sei (H,π) eine zulässige Darstellung von G. Dann gibt es eine Konstante $c(\rho)$, so daß auf dem Teilraum H_ρ von H*

$$C = \mathrm{Spur}(E_+E_-) + c(\rho)\ ,\ C = 4(n+1)\check{C} \tag{34}$$

gilt. Hierbei ist E_+E_- das Matrizenprodukt der Matrizen E_+ und E_-. Ist $\rho \sim (\lambda_1,\ldots,\lambda_n)$, dann gilt $c(\rho) = ||\lambda+\delta||^2 - ||\delta||^2$.

Ist (H,π) eine unitäre Darstellung von G, dann gilt für alle $X \in \mathcal{G}$

$$< \pi(X)v, w >_H \;=\; - < v, \pi(X)w >_H \quad , \quad v,w \in \bigoplus_\rho H_\rho \quad .$$

Für die Operatormatrix E_+ beziehungsweise E_- folgt

$$(35) \qquad <\pi(E_+)v, w>_H = -<v, \pi(E_-)w>_H$$

für alle $v, w \in \bigoplus_\rho H_\rho$.

Aus Lemma 7 ergibt sich

Lemma 8: *Sei (H, π) eine unitäre, zulässige Darstellung von G. Ist $v \in H_\rho (v \neq 0)$ ein Eigenvektor des Operators C zum Eigenwert c, dann gilt $c \leq c(\rho)$. Gleichheit wird genau dann angenommen, wenn $E_- v = 0$ ist.*

Lemma 8 folgt aus der Identität

$$c\|v\|_H^2 = c(\rho)\|v\|_H^2 - \sum_{i,j} \|\pi(E_-)_{ij} v\|_H^2 \quad ,$$

welche sich aus Lemma 7 und der Unitarität von (H, π) ergibt.

Beweis von Lemma 7:

Jeder nicht trivialen Darstellung Ψ der Liealgebra $\mathcal{G}$ auf einem endlich dimensionalem Vektorraum ist die Bilinearform

$$B_\Psi(X, Y) = \frac{1}{2}\mathrm{Spur}(\Psi(X)\Psi(Y)) \; ; \; X, Y \in \mathcal{G}$$

zugeordnet. Diese Bilinearform ist assoziativ und nicht ausgeartet, da $\mathcal{G}$ einfach ist. Eine solche Bilinearform ist bis auf eine Konstante eindeutig bestimmt (Schursches Lemma). Insbesondere ist $B_\Psi(X, Y)$ proportional zur Killingform. Ist Ψ die natürliche Darstellung von $\mathcal{G}$ auf dem Vektorraum $\mathbb{C}^{2n}$, erhält man

$$B_\Psi(X_1, X_2) = \frac{1}{2}\,\mathrm{Spur}\left(\begin{pmatrix} A_1 & -S_1 \\ S_1 & A_1 \end{pmatrix} \begin{pmatrix} A_2 & -S_2 \\ S_2 & A_2 \end{pmatrix}\right) = \mathrm{Spur}((A_1 + \mathrm{i}S_1)(A_2 + \mathrm{i}S_2))$$

für $X_1, X_2 \in k$ und

$$B_\Psi(X_1, X_2) = \frac{1}{2}\,\mathrm{Spur}\left(\begin{pmatrix} X_1 & -\mathrm{i}X_1 \\ -\mathrm{i}X_1 & -X_1 \end{pmatrix} \begin{pmatrix} X_2 & \mathrm{i}X_2 \\ \mathrm{i}X_2 & -X_2 \end{pmatrix}\right) = 2\,\mathrm{Spur}(X_1 X_2)$$

für $X_1 \in \mathbf{p}_-, X_2 \in \mathbf{p}_+$.

Als Dualbasis bezüglich B_Ψ ergibt sich

$$(E_\pm)^*_{ii} = \frac{1}{2}(E_\mp)_{ii} \quad ; \quad (E_\pm)^*_{ij} = (E_\mp)_{ij} \quad (i \neq j)$$

$$a^*_{ij} = -\frac{1}{2}a_{ij}; s^*_{ij} = -\frac{1}{2}s_{ij} \quad (i \neq j) \quad ; \quad s^*_{jj} = -s_{jj} \quad .$$

Analog zu (33) erhält man das Element

$$C = \frac{1}{2}\sum_{i,j}[(E_+)_{ij}(E_-)_{ij} + (E_-)_{ij}(E_+)_{ij}] - \sum_j s_{jj}^2 - \frac{1}{2}\sum_{i<j}[s_{ij}^2 + a_{ij}^2] \quad ,$$

welches proportional zum Casimiroperator $\check{C}$ ist. Eine Berechnung der Proportionalitätskonstante zeigt $C = 4(n+1)\check{C}$. Aus

$$\frac{1}{2}[s_{\nu\mu}, a_{\nu\mu}] = s_{\mu\mu} - s_{\nu\nu} \ , \ \nu < \mu$$

und

$$\frac{1}{2}[(E_-)_{\nu\mu}, (E_+)_{\nu\mu}] = \begin{cases} -2\mathrm{i}s_{\mu\mu} & \nu = \mu \\ -\frac{1}{2}\mathrm{i}(s_{\nu\nu} + s_{\mu\mu}) & \nu \neq \mu \end{cases}$$

folgt

$$\frac{1}{2}\sum_{\nu<\mu}[s_{\nu\mu}, a_{\nu\mu}] = -\sum_{\mu}(n+1-2\mu)s_{\mu\mu}$$

und

$$\frac{1}{2}\operatorname{Spur}(E_-E_+) = \frac{1}{2}\operatorname{Spur}(E_+E_-) - \mathrm{i}(n+1)\sum_{\mu} s_{\mu\mu} \quad .$$

Wegen

$$\frac{1}{2}\sum_{\nu<\mu}(s_{\nu\mu}^2 + a_{\nu\mu}^2) = \frac{1}{2}\sum_{\nu<\mu}(s_{\nu\mu} - \mathrm{i}a_{\nu\mu})(s_{\nu\mu} + \mathrm{i}a_{\nu\mu}) - \frac{\mathrm{i}}{2}\sum_{\nu<\mu}[s_{\nu\mu}, a_{\nu\mu}]$$

erhält man für C

(36)
$$C = \sum_{\nu,\mu}(E_+)_{\nu\mu}(E_-)_{\nu\mu} - \sum_{\mu}[s_{\mu\mu}^2 + 2\mathrm{i}(n+1-\mu)s_{\mu\mu}] + \hat{C}$$

mit

$$\hat{C} = -\frac{1}{2}\sum_{\nu<\mu}(s_{\nu\mu} - \mathrm{i}a_{\nu\mu})(s_{\nu\mu} + \mathrm{i}a_{\nu\mu}) \quad .$$

Da $\operatorname{Spur}(E_+E_-)$ invariant unter $Ad(k)$, $k \in K$ ist, ist $C - \operatorname{Spur}(E_+E_-)$ im Zentrum von $\mathcal{U}(k)$ und operiert daher wie ein Skalar auf der irreduziblen Darstellung V_ρ. Gleiches gilt für den Teilraum H_ρ von H. Zur Berechnung des Skalars genügt es die Wirkung auf dem Höchstgewichtvektor v_ρ von V_ρ zu bestimmen.

Da $s_{\nu\mu} + \mathrm{i}a_{\nu\mu}$ in der Liealgebra der Gruppe der unipotenten oberen Dreiecksmatrizen von $Gl_n(\mathbb{C})$ liegt, gilt

$$\rho(s_{\nu\mu} + \mathrm{i}a_{\nu\mu})v_\rho = 0 \quad .$$

Weiterhin ist $exp(ts_{\mu\mu})$ diejenige Diagonalmatrix in $U(n)$, deren Eintrag an der μ-ten Stelle $e^{\mathrm{i}t}$ ist und 1 sonst. Daher ist

$$\rho(s_{\mu\mu})v_\rho = \mathrm{i}\lambda_\mu v_\rho \quad .$$

Setzt man dies in (36) ein, folgt die Behauptung. □

Sei Γ eine diskrete Untergruppe von G, welche die Axiome von Langlands [21], Seite 16 erfüllt. Die für uns wesentlichen Beispiele sind arithmetische Untergruppen und insbesondere die Siegelsche Modulgruppe Γ_n. Ist (V_ρ, ρ) eine endlich dimensionale Darstellung von K, $\mathcal{Z}$ das Zentrum der universell einhüllenden Algebra $\mathcal{U}(\mathcal{G})$ und I ein Ideal endlicher Kodimension in $\mathcal{Z}$, dann ist der Raum der **automorphen Formen** $\mathcal{A}(\Gamma, I, \rho)$ definiert als der Vektorraum aller Funktionen F auf G mit folgenden Eigenschaften

A1) F hat Werte in $\mathbb{C}$ und erzeugt bei Rechtstranslation mit Elementen aus K eine zu (V_{ρ^*}, ρ^*) isomorphe Darstellung C_F von K.

A2) F ist unendlich oft differenzierbar, Γ-linksinvariant und hat schwaches Wachstumsverhalten (siehe [5]) auf G.

A3) Für alle $z \in I$ gilt : $zF = 0$.

Satz 5: *(Harish-Chandra [12]): Der Raum $\mathcal{A}(\Gamma, I, \rho)$ ist ein endlich dimensionaler komplexer Vektorraum.*

Es ist zweckmäßig auch den Raum aller Funktionen F auf G mit den Eigenschaften A2) und A3) sowie

A1)' F hat Werte in V und erfüllt $F(gk) = \rho(k)^{-1}F(g), k \in K$ zu betrachten. Wir bezeichnen diesen Raum mit $\mathcal{A}[\Gamma, I, \rho]$. Ist die Darstellung ρ irreduzibel, dann folgt aus der Bemerkung vor (18)

$$\mathcal{A}(\Gamma, I, \rho) \xrightarrow{\sim} \mathcal{A}[\Gamma, I, \rho] \bigotimes_{\mathbb{C}} V_{\rho^*} \quad . \tag{37}$$

Ist χ ein Charakter von $\mathcal{Z}$ und I der Kern von χ, dann verwenden wir die Bezeichnung $\mathcal{A}(\Gamma, \chi, \rho)$ anstelle von $\mathcal{A}(\Gamma, I, \rho)$. Analoges gelte für $\mathcal{A}[\Gamma, \chi, \rho]$.
Die Theorie der holomorphen Modulformen auf $\mathbf{H}_n$ ist ein Spezialfall der Theorie der automorphen Formen. Ist ρ irreduzibel, dann definiert die Zuordnung

$$f(Z) \mapsto F(g) = J_\rho^{-1}(g) f(g(\mathrm{i}E)) \tag{38}$$

eine Einbettung

$$(39) \qquad [\Gamma_n, \rho] \subseteq \mathcal{A}[\Gamma_n, \chi_\rho, \rho]$$

für einen durch ρ eindeutig bestimmten Charakter χ_ρ von Z.

Bemerkung: Bezüglich der Zuordnung (38) sind äquivalent
1) Das Transformationsverhalten der Modulform $f(Z)$ und die Γ-Linksinvarianz von $F(g)$.
2) Die Holomorphie von $f(Z)$ und die Gleichung $E_- F(g) = 0$.
Letzteres folgt aus (22).
Sei ρ irreduzibel und $\rho \sim (\lambda_1, \dots, \lambda_n)$. Aus Lemma 7 folgt für den Wert $\mathbf{x}(\rho)$ des Charakters χ_ρ angewandt auf den Operator C in Z

$$(40) \qquad \mathbf{x}(\rho) = \sum_{\mu=1}^{n} [(\lambda_\mu - \mu)^2 - \mu^2] \quad .$$

Es bezeichne schließlich $\{\Gamma, \mathbf{x}, \rho\}$ den Raum aller Funktionen F auf G, welche Eigenschaft A1)' und A2) sowie die Eigenwertgleichung

$$CF = \mathbf{x}F$$

für den Operator C erfüllen. Offensichtlich gilt

$$[\Gamma, \rho] \subseteq \mathcal{A}[\Gamma, \chi_\rho, \rho] \subseteq \{\Gamma, \mathbf{x}(\rho), \rho\} \quad .$$

Satz 6: *Sei $F \in \{\Gamma, \mathbf{x}, \rho\}$ eine bezüglich des Haarschen Maßes dg von G quadratintegrierbare Funktion auf $\Gamma\backslash G$, d.h. $\int |F|^2 dg \le \infty$ für eine positiv definite K-invariante hermitesche Metrik $\|.\|$ auf V_ρ. Dann gilt*
a) F verschwindet, falls $\mathbf{x} \notin (-\infty, \mathbf{x}(\rho)]$.
b) F liegt im Teilraum der holomorphen Modulformen $[\Gamma, \rho]$ von $\{\Gamma, \mathbf{x}(\rho), \rho\}$, falls $\mathbf{x} = \mathbf{x}(\rho)$ ist.

Beweis: Der Hilbertraum $L^2(\Gamma\backslash G)$ der quadratintegrierbaren Funktionen auf $\Gamma\backslash G$ definiert eine unitäre Darstellung von G durch Rechtstranslation. Nach einem Satz von Osborne und Warner [27], Seite 345 erfüllt die K-endliche Funktion $L(F) \neq 0, L \in \mathrm{Hom}(V_\rho, \mathbb{C})$ in $L^2(\Gamma\backslash G)$, welche Eigenfunktionen des Casimiroperators ist, Eigenschaft A3) für ein geeignetes Ideal I endlicher Kodimension in Z. Wegen Satz 5 erzeugt diese Funktion daher eine zyklische, unitäre Darstellung (H, π) in $L^2(\Gamma\backslash G)$, welche zulässig ist.

Die Abbildung Spur(E_+E_-) bildet jeden der endlich dimensionalen Teilräume H_ρ von H auf sich ab und ist symmetrisch wegen (35). Wegen Lemma 7 gilt dies auch für den Operator C. Insbesondere ist daher $\mathbf{x}$ reell.

Aus Lemma 8 folgt $\mathbf{x} \leq \mathbf{x}(\rho)$ und $E_-F = 0$ für $\mathbf{x} = \mathbf{x}(\rho)$. Im letzteren Fall ist daher

$$f(Z) = J_\rho(g_Z)F(g_Z) \quad , \quad g_Z = \begin{pmatrix} Y^{\frac{1}{2}} & XY^{-\frac{1}{2}} \\ 0 & Y^{-\frac{1}{2}} \end{pmatrix}$$

eine holomorphe Modulform auf $\mathbf{H}_n$. Daraus folgt die Behauptung des Lemmas, falls $n > 1$ ist.

Im Fall $n = 1$ ist noch die Holomorphie von $f(Z)$ in den Spitzen zu zeigen. Ohne Einschränkung sei dies die Spitze ∞. Dann ist f holomorph in der punktierten Kreisscheibe $0 < q < \varepsilon, q = e^{2\pi i a Z}$ mit $Z \in \mathbf{H}_1$. Aus der Quadratintegrierbarkeit von F folgt

$$\int_{|q|<\varepsilon} |f(q)|^2 \log q^{k-2} \frac{dq d\bar{q}}{q^2} < \infty \quad , \quad k \in I\!N$$

Dies impliziert

$$\int_{|q|<\varepsilon} |f(q)|^2 dq d\bar{q} < \infty$$

und wegen einer Variante des Riemannschen Hebbarkeitssatzes die Holomorphie von f in der ganzen Kreisscheibe.□

Bemerkung: Satz 6 besagt, daß ein gewisses System von Differentialgleichungen, welches durch die Eigenwertbedingung unter dem Zentrum der Algebra $\mathcal{U}(\mathcal{G})$ gegeben ist, nur holomorphe L^2-Lösungen besitzt. Der analytische Teil dieser Aussage steckt implizit in den Endlichkeitssätzen über automorphe Formen sowie in der Tatsache, daß K-endliche Vektoren in den Räumen H_ρ "differenzierbar" sind.

Die holomorphe Funkton F in Fall b) von Satz 6 ist quadratintegrierbar auf $\Gamma\backslash G$. Die Funktion $|F|^2$ ist rechtsinvariant unter K und daher eine Funktion auf $\mathbf{H}_n$. Das Integral $\int |F|^2 dg < \infty$ definiert daher das verallgemeinerte Petersson Skalarprodukt der Modulform. Wir nennen F in diesem Fall quadratintegrierbar. Jede Spitzenform ist beispielsweise eine quadratintegrierbare Modulform. In [33], Satz 3 wurde gezeigt

Lemma 9: *Eine holomorphe Modulform F in $[\Gamma_n, \rho]$ sei Liftung einer nicht verschwindenden Spitzenform f in $[\Gamma_j, \rho']_0$, insbesondere also F keine Spitzenform. Dann sind äquivalent*

a) F ist quadratintegrierbar.

b) Das Gewicht k der Liftung ρ erfüllt $k < \frac{n+j+1}{2}$.

5 HYPEREBENEN

In diesem Abschnitt werden einige elementare geometrische Hilfsmittel bereitgestellt, welche sich beim Studium der Polstellen von Eisensteinreihen als nützlich erweisen. Die Pole von Eisensteinreihen liegen entlang von Hyperebenen spezieller Gestalt. Bei sukzessiven Residuenbildungen kommt es dabei auf die Lage dieser Hyperebenen an.
Wir betrachten den reellen Vektorraum $\mathbb{R}^n$ versehen mit der Standardmetrik. Die i-te Koordinate eines Punktes Λ sei Λ_i. Dann bezeichne $(\mathbb{R}^n)^+$ den Kegel aller Λ mit $0 < \Lambda_1 < \ldots < \Lambda_n$.
Wir nehmen an, eine endliche Menge von affinen Hyperebenen sei vorgegeben. Jede dieser Hyperebenen H sei definiert durch eine Gleichung

$$\alpha(\Lambda) = c \, ; \, c \in \mathbb{R} \quad , \tag{41}$$

wobei α eine der Linearformen vom

Typ I) $\alpha(\Lambda) = \Lambda_{i+1} - \Lambda_i \quad ; \quad (1 \leq i \leq n-1)$

Typ II) $\alpha(\Lambda) = \Lambda_i + \Lambda_j \quad ; \quad (1 \leq i < j \leq n)$

Typ III) $\alpha(\Lambda) = \Lambda_i \quad ; \quad (1 \leq i \leq n)$

ist. Wir nehmen an, daß die Konstante c in den definierenden Gleichungen (41) der Hyperebenen gleich 1 ist, wenn die Linearform α vom Typ I ist, beziehungsweise $-1 < c \leq 1$ erfüllt, falls α vom Typ II ist. Im letzteren Fall wird unter gewissen Zusatzvoraussetzungen, welche später erörtert werden, auch der Fall $c = -1$ betrachtet werden.
Es gibt dann eine endliche Menge angeordneter Sequenzen $\mathcal{H} = (H_1, \ldots, H_k)$ solcher Hyperebenen mit den Längen $k, 1 \leq k \leq n$. Wir setzen

$$\mathcal{H}^{(r)} = \bigcap_{i=1}^{n} H_i$$

und $\mathcal{H}^{(0)} = \mathbb{R}^n$. Ist $\mathcal{H}^{(r)} \neq \emptyset$, dann gibt es in $\mathcal{H}^{(r)}$ einen **eindeutig** bestimmten Punkt $0^{(r)}$, welcher dem Koordinatenursprung des $\mathbb{R}^n$ am nächsten liegt. Die Sequenz $\mathcal{H}$ heißt **entartet**,falls

$$0^{(r)} = 0^{(r+1)} \tag{42}$$

für ein $r < k$ gilt. Die Sequenz $\mathcal{H}$ heißt **zulässig** bezüglich eines vorgegebenen Punktes Φ, falls

$$\dim \mathcal{H}^{(r+1)} = \dim \mathcal{H}^{(r)} - 1 \tag{43}$$

für alle $r < k$ gilt und außerdem die Verbindungsstrecke $\overline{\Phi^{(r)}0^{(r)}}$ die Ebene H_{r+1} in genau einem Punkt $\Phi^{(r+1)}$ trifft:

$$(44) \qquad \overline{\Phi^{(r)}0^{(r)}} \cap H_{r+1} = \{\Phi^{(r+1)}\}\ .$$

Dies definiert rekursiv eine endliche Folge von Punkten $\Phi^{(r)}$ beginnend mit dem Punkt $\Phi^{(0)} = \Phi$. Aus (44) folgt die Existenz einer Zahl $\kappa_r, 0 \leq \kappa_r \leq 1$ mit

$$(45) \qquad \Phi^{(r+1)} - 0^{(r)} = \kappa_r(\Phi^{(r)} - 0^{(r)})$$

Ist $\mathcal{H}$ entartet, so folgt aus (42) und (44) sogar $0^{(i)} = 0^{(r)}$ für alle $i, r \leq i \leq k$.

Obwohl die Definition der Zulässigkeit bezüglich beliebiger Punkte Φ sinnvoll wäre, wollen wir immer annehmen, daß der Punkt Φ die folgenden Eigeschaften erfüllt:

(46a) Für jede der endlich vielen (nicht notwendig bezüglich Φ zulässigen) Sequenzen $\mathcal{H}$ ist der Durchschnitt (44) für alle $r < n$ entweder leer oder ein einziger Punkt, vorausgesetzt $\Phi^{(r)}, 0^{(r)}$ und H_{r+1} sind überhaupt definiert.

(46b) Ist für die Sequenz $\mathcal{H}$ der Punkt $\Phi^{(r)}$ definiert, dann trifft die Verbindungslinie $\overline{\Phi^{(r)}0^{(r)}}$ in jedem von $0^{(r)}$ verschiedenen Punkt immer nur höchstens eine der endlich vielen Hyperebenen von $\mathcal{H}^{(r)}$ welche man als Schnitte von $\mathcal{H}^{(r)}$ mit den Hyperebenen H aus der endlichen vorgegebenen Menge erhält.
Die Menge der Punkte Φ mit diesen Eigenschaften liegt dicht im $I\!R^n$.
Wir wählen ein für alle mal eine Folge Φ solcher Punkte

$$\Phi = (\tilde{\Phi}_n^{(0)}, \tilde{\Phi}_1^{(0)} + \tilde{\Phi}_n^{(0)}, \ldots, \tilde{\Phi}_{n-1}^{(0)} + \tilde{\Phi}_n^{(0)})$$

mit $\tilde{\Phi}_i^{(0)} > 0$ $(1 \leq i \leq n)$, für welche

$$\tilde{\Phi}_1^{(0)} \to \infty$$
$$\tilde{\Phi}_i^{(0)} / \tilde{\Phi}_{i+1}^{(0)} \to 0 \quad (n > i \geq 1)$$

konvergiert. Ist dann δ ein beliebig festgewählter Punkt, dann liegen fast alle der Folgenglieder Φ im Translat $\delta + (I\!R^n)^+$ des Kegels $(I\!R^n)^+$.
Eine Sequenz $\mathcal{H}$ von Hyperebenen heißt **zulässig**, wenn $\mathcal{H}$ zulässig bezüglich fast aller Punkte Φ der vorgegebenen Folge ist. Sind a und b Größen, welche von der Wahl des Punktes Φ abhängen, dann soll die Schreibweise $a \ll b$ andeuten, daß der Quotient a/b beliebig klein wird, wenn Φ die Glieder der vorgegebenen Folge durchläuft. Analog heißt

$a \overset{\bullet}{=} b$, daß die Differenz $a - b$ beliebig klein wird, und $b \overset{\bullet}{\geq} a$, daß die Differenz $b - a$ gegen einen Punkt im $I\!R_{\geq 0}$ konvergiert.

Beispiel: $1 \ll \tilde{\Phi}_1^{(0)} \ll \tilde{\Phi}_2^{(0)} \ll \ldots \ll \tilde{\Phi}_{n-1}^{(0)} \ll \tilde{\Phi}_n^{(0)}$.

Sei $\mu_1 + \ldots + \mu_t = n$ eine geordnete Partition der Zahl n. Sei $F \subseteq \{1, \ldots, n\}$ die Menge der Zahlen

$$\sum_{i=1}^{m} \mu_i \ , \ 1 \leq m \leq t \quad .$$

Ordnet man die Zahlen im Komplement von F in wachsender Reihenfolge, erhält man eine Folge $1 \leq n_1 < \ldots < n_r < n$. Diese Zuordnung stiftet eine Bijektion zwischen der Menge der geordneten Partitionen von n und der Menge der Folgen $1 \leq n_1 < \ldots < n_r < n$. Für gegebenes F sei $\mathcal{H}_F$ die Sequenz $(H_1, \ldots, H_r)$, welche den Hyperebenen H_i

$$\{\Lambda : \Lambda_{n_i+1} - \Lambda_{n_i} = 1\}$$

zugeordnet sei. Es wird angenommen, daß diese Hyperebenen in der vorgegebenen Menge von Hyperebenen enthalten sind.
Eine Sequenz $\mathcal{H}$ von Hyperebenen heißt vom **Typ I**, wenn alle Hyperebenen der Sequenz vom Typ I sind.

Behauptung: *Die Sequenzen $\mathcal{H}_F$ beschreiben alle zulässigen Sequenzen vom Typ I.*

Für Sequenzen $\mathcal{H}_F$ der Länge r ergibt sich offensichtlich

$$0^{(r)} = (\delta^{(\mu_1)}, \ldots, \delta^{(\mu_t)}) \tag{47}$$

mit

$$\delta^{(\mu)} = (-\frac{\mu - 1}{2}, \ldots, \frac{\mu - 1}{2}) \quad .$$

Die Differenz aufeinanderfolgender Koordinaten von $\delta^{(\mu)}$ ist 1.
Durch Induktion nach der Länge r der Sequenz $\mathcal{H}_F$ erhält man

$$\begin{aligned} \Phi^{(r)} - 0^{(r)} \overset{\bullet}{=} & (\overbrace{\tilde{\Phi}_n^{(r)}, \ldots, \tilde{\Phi}_n^{(r)}}^{n-r+1}, \tilde{\Phi}_{n-r+1}^{(r)} + \tilde{\Phi}_n^{(r)}, \ldots, \tilde{\Phi}_{n-1}^{(r)} + \tilde{\Phi}_n^{(r)}) \\ & + (0, \ldots, 0, \underbrace{\frac{1}{2}, \ldots, \frac{1}{2}}_{\mu_s}, 0, \ldots\ldots, 0) \quad . \end{aligned} \tag{48}$$

Ist s maximal mit $\mu_s \neq 1$, dann ist die Anzahl der Einträge $\frac{1}{2}$ in der zweiten Zeile von (48) gleich μ_s. Der letzte Koordinateneintrag von $\tilde{\Phi}_n^{(r)}$ und $\frac{1}{2}$ befindet sich an der Stelle $n_r + 1$. Für die von Φ abhängigen Größen $\tilde{\Phi}_i^{(r)}$ gilt

$$1 \ll \tilde{\Phi}^{(1)}_{n_r+1} \ll \ldots \ll \tilde{\Phi}^{(r)}_{n-1} \ll \tilde{\Phi}^{(r)}_n \quad , \quad r > 0 \quad .$$

(48) und die Zulässigkeit von $\mathcal{H}_F$ zeigt man durch Induktion.
Daß jede zulässige Sequenz $\mathcal{H}$ vom Typ I eine Sequenz $\mathcal{H} = \mathcal{H}_F$ ist, zeigt man folgendermaßen. Es genügt, daß für jede zulässige Sequenz $\mathcal{H} = (H_1, \ldots, H_{r+1})$ vom Typ I, welche die Sequenz $\mathcal{H}_F = (H_1, \ldots, H_r)$ einen Schritt fortsetzt, die Hyperebene H_{r+1} durch eine Gleichung

$$\alpha(\Lambda) = \Lambda_{\omega+1} - \Lambda_\omega \ , \ \omega > n_r$$

gegeben ist. Aus (45) erhält man als Gleichung für

$$1 - [(0^{(r)})_{\omega+1} - (0^{(r)})_\omega] \stackrel{\bullet}{=} \kappa[(\Phi^{(r)} - 0^{(r)})_{\omega+1} - (\Phi^{(r)} - 0^{(r)})_\omega] \quad .$$

Wäre $\omega \leq n_r$, dann wäre der Wert der Klammer auf der rechten Seite wegen (48) bis auf eine sehr kleine Zahl entweder 0 oder $\frac{1}{2}$. Außerdem wäre

$$(0^{(r)})_{\omega+1} - (0^{(r)})_\omega \leq 0 \quad .$$

Daraus folgt $|\kappa| > 1$ im Widerspruch zu $0 \leq \kappa \leq 1$.

Sei $\mathcal{H}$ eine zulässige Sequenz der Länge n. Der Punkt $0^{(n)} = \mathcal{H}^{(n)}$ heißt dann **Endpunkt** der Sequenz $\mathcal{H}$.
Annahme: Sei $\Lambda = (\Lambda_1, \ldots, \Lambda_n)$ ein Punkt mit der Eigenschaft

$$\begin{aligned} &\Lambda_{i+1} - \Lambda_i \geq 1 \quad (1 \leq i < n) \\ &\Lambda_1 \geq -\frac{n-1}{2} \quad . \end{aligned} \tag{49}$$

Insbesondere gilt dann

$$\Lambda_n \geq \frac{n-1}{2} \quad .$$

Dieser Punkt Λ sei Endpunkt einer zulässigen Sequenz $\mathcal{H}$ der Länge n.

Behauptung: *Für fast alle Φ der vorgegebenen Folge gilt dann die Ungleichung $(\Phi^{(r)})_n \geq \Lambda_n$ für die letzte Koordinate der Punkte $\Phi^{(r)}$ für alle $r, 1 \leq r \leq n$.*

Zum Beweis genügt es, daß aus $(\Phi^{(r)})_n < \Lambda_n$ die Ungleichung $(0^{(r)})_n < \Lambda_n$ folgen würde. Da $\Phi^{(r+1)}$ in der konvexen Hülle von $\Phi^{(r)}$ und $0^{(r)}$ liegt, erhielte man durch Induktion einen Widerspruch zur Annahme $(\Phi^{(n)})_n = \Lambda_n$.
Wir zeigen $(0^{(r)})_n \leq \frac{n-1}{2}$. Wegen $\Lambda_n \geq \frac{n-1}{2}$ genügt es danach den Grenzfall $(0^{(r)})_n = \frac{n-1}{2}$ zu diskutieren.
Wir bilden einen Graph mit n Ecken. Jede Hyperebene $H_{r'} (1 \leq r' \leq r)$ der Sequenz $\mathcal{H}$ definiert eine Kante. Ist $H = \{\Lambda : \Lambda_{i+1} - \Lambda_i = 1\}$, verbinden wir die Ecken i und $i+1$. Ist $H = \{\Lambda : \Lambda_i + \Lambda_j = c\}$, verbinden wir i und j. Ist $H = \{\Lambda : \Lambda_i = c\}$, verbinden wir i mit sich durch eine Schleife.
Wegen (43) ist die Zusammenhangskomponente der Ecke n ein Baum B, da nach Annahme ein Punkt $\Phi^{(r)} \neq \Lambda$ in $\mathcal{H}^{(r)}$ existiert. Insbesondere enthält B keine Schleifen. Ist Ψ ein Punkt von $\mathcal{H}^{(r)}$, dann gilt für jede Ecke μ von B die Gleichung

$$\Psi_\mu = \varepsilon_\mu(\Psi_n - b_\mu) \,, \; \varepsilon_\mu = \pm 1$$

für $b_\mu \in \mathbb{Z}$ mit $b_\mu \leq d(n;\mu)$. Dies folgt durch Induktion nach der Distanz $d(n;\mu)$ der Ecke n zur Ecke μ im Graph B. Der Punkt $\Psi = 0^{(r)}$ in $\mathcal{H}^{(r)}$ hat minimalen Abstand vom Koordinatenursprung und minimiert daher

$$\sum_{\mu \in B} \Psi_\mu^2 = \sum_{\mu \in B} (\Psi_n - b_\mu)^2 \quad .$$

Für das Extremum folgt

(50) $$(0^{(r)})_n = \frac{1}{\#B} \sum_{\mu \in B} b_\mu \quad .$$

Für jeden Raum B mit $\#B$ Ecken und für jede Ecke μ_0 von B gilt $\frac{1}{\#B} \sum_{\mu \in B} d(\mu_0;\mu) \leq \frac{1}{2}(\#B - 1)$. Gleichheit wird nur angenommen, wenn der Graph B eine Kette und μ_0 ein Randpunkt ist. Aus (50) folgt daher

$$(0^{(r)})_n \leq \frac{n-1}{2}$$

da B höchstens n Ecken hat. Nun diskutieren wir den Grenzfall, wenn Gleichheit angenommen wird. Dies ist genau dann der Fall, wenn B eine Kette der Länge n ist, wobei der

Punkt n notwendigerweise ein Randpunkt ist. Weiterhin gilt $b_\mu = d(n;\mu)$ für alle $\mu \in B$ und dies bedeutet, daß die Konstante c bei den Gleichungen vom Typ II gleich 1 (oder -1 falls $c = -1$ zugelassen wird wie im Zusatz) sein muß.
Da wegen $(0^{(r)})_n \leq \frac{n-1}{2}$ für $\Lambda_n > \frac{n-1}{2}$ nichts zu zeigen ist, können wir $\Lambda_n \leq \frac{n-1}{2}$ zusätzlich annehmen. Wegen (49) legt dies den Punkt Λ fest. Es gilt dann automatisch $\Lambda_1 = -\frac{n-1}{2}, \ldots, \Lambda_n = \frac{n-1}{2}$. Durch die Anordnung in der Kette erhält man beginnend mit der Ecke n eine Orientierung des Graphen. Aus $b_\mu = d(n,\mu)$ folgt:
Sind μ und μ' mit einer Kante vom Typ I verbunden und μ' folgt auf μ, dann gilt
1) $\epsilon_{\mu'} = \epsilon_\mu$
2) Die μ' zugeordnete Zahl ist kleiner als die μ zugeordnete Zahl genau dann, wenn $\epsilon_\mu = 1$ ist.

Sind μ und μ' mit einer Kante vom Typ II verbunden, dann gilt

$$\epsilon_{\mu'} = -\epsilon_\mu \quad .$$

Da die Kette mit $\mu = n$ und $\epsilon_\mu = 1$ beginnt gibt es die folgenden Möglichkeiten:

oder

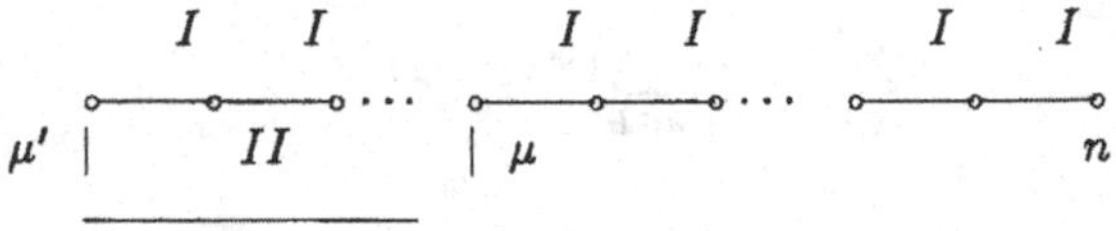

Im zweiten Fall kann keine Kante vom Typ II mehr Folgen. Daher ist die Ecke μ' notwendigerweise der Punkt 1. Aus $\Lambda_1 + \Lambda_\mu = 1$ und der Annahme (49) folgt dann aber $\Lambda_n > \frac{n-1}{2}$ und dieser Fall wurde schon behandelt. Analog folgt im ersten Fall aus (48) die Ungleichung $(\Phi^{(r)})_n > \Lambda_n$. Damit ist die Behauptung gezeigt.

Zusatz: Die Aussage der Behauptung bleibt richtig, auch wenn man Hyperebenen vom Typ II mit $|c| \leq 1$ zuläßt solange $\Lambda_n > \frac{n-1}{2}$ ist.

Lemma 10: *Es sei $\mathcal{H}$ eine zulässige Sequenz mit dem Endpunkt Λ, welcher Eigenschaft (49) erfüllt. Es sei $\mathcal{H}_F$ eine maximale Anfangssequenz von $\mathcal{H}$ vom Typ I der Länge r. Entspricht F der Partition $\mu_1 + \ldots + \mu_t = n$, dann ist entweder $H_{r+1} = \{\Psi : \Psi_i = \Lambda_i\}$ vom Typ III mit $i \geq n+1-\mu_t$ oder $H_{r+1} = \{\Psi : \Psi_i + \Psi_j = 1 = \Lambda_i + \Lambda_j\}$ ist vom Typ II mit $i, j \geq n+1-\mu_t$.*

Beweis: Ist $\mathcal{H}$ eine zulässige Sequenz mit Endpunkt, dann ist wegen (48) $\mathcal{H}$ nie vom Typ I. Ist daher $\mathcal{H}_F$ eine maximale Anfangssequenz von $\mathcal{H}$ der Länge r (die leere Sequenz ist zugelassen), dann folgt notwendigerweise eine Hyperebene H_{r+1} vom Typ III oder vom Typ II.

Fall 1: H_{r+1} ist vom Typ III.
Die Hyperebene H_{r+1} ist wegen $\Lambda \in H_{r+1}$ durch $\Psi_i = \Lambda_i$ definiert. Aus (45) und (48) folgt wegen $\Phi^{(r+1)} \in H_{r+1}, (\Phi^{(r+1)})_i = \Lambda_i$

$$\Lambda_i - (0^{(r)})_i \stackrel{\bullet}{=} \kappa \tilde{\Phi}_n^{(r)} \quad .$$

Setzt man dies in (45) ein, erhält man für die letzten Koordinaten

$$(\Phi^{(r+1)} - 0^{(r)})_n \stackrel{\bullet}{=} \Lambda_i - (0^{(r)})_i \quad .$$

Für Sequenzen $\mathcal{H}$ mit Endpunkt Λ wurde

$$(\Phi^{(r+1)})_n \geq \Lambda_n$$

gezeigt. Aus der Annahme $\Lambda_n - \Lambda_i \geq n - i$ folgt daher

$$(0^{(r)})_n - (0^{(r)})_i \geq n - i \quad .$$

Dies ist wegen (47) nur möglich, wenn $i \geq n + 1 - \mu_t$ ist.

Fall 2: H_{r+1} ist vom Typ II.
Wegen $\Phi^{(r+1)} \in H_{r+1}$ gilt

$$(\Phi^{(r+1)})_i + (\Phi^{(r+1)})_j = c \quad , \quad -1 < c \leq 1 \quad .$$

Ist $\Lambda_n > \frac{n-1}{2}$ lassen wir auch $|c| \leq 1$ zu. Aus (45) und (48) folgt

$$c - (0^{(r)})_i - (0^{(r)})_j \stackrel{\bullet}{=} \kappa \cdot 2\tilde{\Phi}_n^{(r)} \quad .$$

Dies gibt durch Einsetzen in (45) für die letzten Koordinaten

$$(51) \qquad (\Phi^{(r+1)})_n \stackrel{\bullet}{=} \frac{1}{2}[c - (0^{(r)})_i - (0^{(r)})_j + 2(0^{(r)})_n] \quad .$$

Sei $i < j$. Ist sowohl i als auch $j < n + i - \mu_t$, dann gilt wegen (47)

$$-(0^{(r)})_i \leq \frac{1}{2}(n - \mu_t - i)$$

(52) $$-(0^{(r)})_j \leq \frac{1}{2}(n - \mu_t - j)$$

$$(0^{(r)})_n = \frac{1}{2}(\mu_t - 1) \quad .$$

Aus (52) und (51) folgt $(\Phi^{(r+1)})_n \leq \frac{n-1}{2}$ und daher $(\Phi^{(r+1)})_n < \Lambda_n$ im Widerspruch zur Tatsache, daß $\mathcal{H}$ eine Sequenz mit Endpunkt Λ ist.
Ist $j \geq n + 1 - \mu_t$, dann gilt

(53) $$(0^{(r)})_j = \frac{1}{2}[(\mu_t - 1) - 2(n - j)] \quad .$$

Ist $i < n + 1 - \mu_t$, erhält man aus (51),(52) und (53) die Abschätzung

(54) $$(\Phi^{(r+1)})_n \overset{\bullet}{\leq} \frac{1}{4}(3n + 2c - 1 - i - 2j) \quad .$$

Aus $\Lambda_n \geq \Lambda_i + (n - i)$ und $\Lambda_n \geq \Lambda_j + (n - j)$ folgt zusammen mit $\Lambda_i + \Lambda_j = c$ die Ungleichung

$$2\Lambda_n \geq 2n + c - i - j \quad .$$

Aus $\Lambda_n \geq \frac{n-1}{2}$ folgt daher

(55) $$4\Lambda_n \geq 3n - i - j + c - 1 \quad .$$

Aus (54) und (55) folgt wegen $c < j$ die Ungleichung $(\Phi^{(r+1)})_n < \Lambda_n$. Dies steht im Widerspruch zur Annahme, daß Λ Endpunkt der Sequenz $\mathcal{H}$ ist. Daher ist $i, j \geq n + 1 - \mu_t$ wie behauptet.□

Es wird nun angenommen, daß Λ ein Punkt ist,welcher

$$\Lambda_2 - \Lambda_1 = 1, \ldots, \Lambda_n - \Lambda_{n-1} = 1$$

erfüllt. Diese Sequenz definiert eine zulässige Sequenz von Hyperebenen vom Typ I der maximalen Länge $n - 1$. Es handelt sich um die Sequenz $\mathcal{H}_F$, $F = \{n\}$. Alle anderen zulässigen Sequenzen $\mathcal{H}_F$ vom Typ I haben Länge $< n - 1$ und die dazu gehörigen F entsprechen den Partitionen $\mu_1 + \ldots + \mu_t = n$ mit $t > 1$.

Bemerkung: Die Sequenz $\mathcal{H} = (\mathcal{H}_{\{n\}}, H)$ mit $H = \{\Psi : \Psi_n = \Lambda_n\}$ ist eine zulässige Sequenz mit Endpunkt Λ. Ist $\Lambda_n > \frac{n-1}{2}$, dann ist diese Sequenz $\mathcal{H}$ nicht entartet.

6 EISENSTEINREIHEN

In diesem Abschnitt geben wir eine kurze Übersicht über die Theorie der Eisensteinreihen.

Ein wichtiger Aspekt der Theorie der Eisensteinreihen ergibt sich aus der Tatsache, daß man die quadratintegrierbaren automorphen Formen mit dieser Theorie beschreiben kann (Satz 7). Diese Beschreibung ist zwar im allgemeinen recht abstrakt, läßt sich aber später für die von uns betrachteten holomorphen Modulformen konkretisieren.

Sei $\mathbf{G}$ eine reduktive, über $\mathbb{Q}$ definierte algebraische Gruppe mit Zusammenhangskomponente $\mathbf{G}^0$. Wir nehmen an, der Zentralisator eines maximal über $\mathbb{Q}$ zerfallenden Torus $\mathbf{T}$ trifft jede Zusammenhangskomponente von $\mathbf{G}$ und jeder über $\mathbb{Q}$ definierte Charakter χ von $\mathbf{G}$ erfüllt $\chi^2 = 1$. Wir nehmen weiterhin an, $\mathbf{G}^0$ zerfällt, das heißt $\mathbf{T}$ ist ein maximaler Torus von $\mathbf{G}^0$. Sei $B \supseteq T$ eine Borelgruppe von $\mathbf{G}^0$. Die standard parabolischen Gruppen $\mathbf{P}$ von $\mathbf{G}^0$ sind diejenigen über $\mathbb{Q}$ definierten algebraischen Untergruppen von $\mathbf{G}^0$, welche $\mathbf{B}$ enthalten. Die Normalisatoren dieser Gruppe $\mathbf{P}$ in $\mathbf{G}$ bezeichnen wir als standard parabolische Gruppen von $\mathbf{G}$. Es gibt eine Zerlegung $\mathbf{P} = \mathbf{AMN}$ für jede standard parabolische Gruppe $\mathbf{P}$ in $\mathbf{G}$. $\mathbf{N}$ ist das unipotente Radikal derjenigen parabolischen Gruppe von $\mathbf{G}^0$, deren Normalisator $\mathbf{P}$ ist. $\mathbf{A}$ ist ein über $\mathbb{Q}$ definierter zerfallender Torus enthalten in $\mathbf{T}$. Für den Zentralisator $Z(\mathbf{A})$ von $\mathbf{A}$ in $\mathbf{G}$ gilt $\mathbf{P} = Z(\mathbf{A})\mathbf{N}$. Die Gruppe $\mathbf{M}$ ist definiert durch $\mathbf{M} = \bigcap_{\chi} \mathrm{Kern}\chi^2$, wobei χ alle über $\mathbb{Q}$ definierten Charaktere von $Z(\mathbf{A})$ durchläuft. $\mathbf{M}$ ist eine Gruppe, welche dieselben Annahmen erfüllt wie $\mathbf{G}$. $\mathbf{M}$ ist durch $\mathbf{A}$ eindeutig bestimmt. Eine über $\mathbb{Q}$ definierte algebraische Untergruppe von $\mathbf{G}$ heißt parabolisch, wenn sie über $\mathbb{Q}$ konjugiert zu einer standard parabolischen Untergruppe von $\mathbf{G}$ ist. Man erhält Zerlegungen $P = AMN$ für alle parabolischen Untergruppen von $\mathbf{G}$. Diese Zerlegungen sind nicht eindeutig.

Für die Liegruppen der reellen Punkte der algebraischen Gruppen $\mathbf{G}$,$\mathbf{P}$,$\mathbf{M}$ $\mathbf{N}$ verwenden wir die Bezeichnungen G, P, M und N. A bezeichne die Zusammenhangskomponente der Gruppe der reellen Punkte von $\mathbf{A}$. A heißt Splitkomponente von P. Ist $\mathbf{a}$ die Liealgebra von A, dann gilt $A = \exp(\mathbf{a})$. Es gilt $P = AMN$ und $A \cap M = \{1\}$ und $\dim_{\mathbb{R}} \mathbf{a}$ heißt Rang von P.

Sei Γ eine arithmetisch definierte diskrete Untergruppe von G. Wir setzen $\Gamma_P = \Gamma \cap P$ und $\Gamma_M = (\Gamma \cap N)/(\Gamma \cap MN)$. Dann gilt $\Gamma_P \subseteq MN$ und Γ_M ist eine arithmetisch definierte diskrete Untergruppe von M. Wir nehmen der Einfachheit halber an, daß für alle standard parabolischen Untergruppen P von G die Gruppe Γ_M nur eine Spitze in M (d.h. nur eine Γ_M Konjugationsklasse von über $\mathbb{Q}$ definierten Borelgruppen in M) besitzt. Dies genügt für unsere Anwendungen und erleichtert die Notation.

Seien P_1 und P_2 parabolische Untergruppen von G. Sind $\mathbf{a}_1$ und $\mathbf{a}_2$ die Liealgebren von Splitkomponenten von P_1 und P_2, dann heißen P_1 und P_2 **assoziiert**, wenn es ein w in G gibt, welches bei Konjugation $\mathbf{a}_1$ in $\mathbf{a}_2$ überführt. Dies hängt nicht ab von der Wahl der Splitkomponenten und definiert eine Äquivalenzrelation. Es bezeichne $\{P\}$ die Klasse der zu P assoziierten parabolischen Gruppen. Die Menge der verschiedenen Abbildungen von $\mathbf{a}_1$ nach $\mathbf{a}_2$, welche man durch Einschränken von Konjugationen in G erhält, heißt $W(\mathbf{a}_1, \mathbf{a}_2)$. Haben P_1 und P_2 den gleichen Rang, dann sind sie genau dann assoziiert, wenn $W(\mathbf{a}_1, \mathbf{a}_2)$ nicht leer ist.

Der Normalisator in G von der Liealgebra einer Splitkomponente A operiert auf $Z(A)$, auf M und folglich auf Z_M, dem Zentrum der universell einhüllenden Algebra der Liealgebra von M. Die Orbits $\mathcal{T}$ der induzierten Operation auf der Charaktergruppe von Z_M sind endlich.
Wir wählen eine maximal kompakte Untergruppe K von G, deren Liealgebra orthogonal zur Liealgebra von T bezüglich der Killingform ist. Das Bild von $K \cap P$ in $M = P/AN$ sei K_M.

Ist $(V_{\rho'}, \rho')$ eine endlich dimensionale Darstellung von K_M, χ ein Charakter von Z_M, dann bezeichne $\mathcal{A}(\Gamma_M, \chi, \rho')$ den Raum der automorphen Formen auf M bezüglich χ und ρ'. Dies ist der Vektorraum aller unendlich oft differenzierbaren Funktionen auf M mit Werten in $\mathbb{C}$, welche schwaches Wachstum auf M haben, Eigenfunktionen von Z_M zum Charakter χ sind und bei Rechtstranslation unter K_M einen zur kontragredienten Darstellung von V_ρ isomorphen Darstellungsraum in $C^\infty(M)$ aufspannen. Der Teilraum der Spitzenformen $\mathcal{A}_0(\Gamma_M, \chi, \rho')$ ist der Raum derjenigen automorphen Formen ϕ in $\mathcal{A}(\Gamma_M, \chi, \rho')$, welche

$$\int_{\Gamma_M \cap N \backslash N} \phi(nm)dn = 0 \quad , \quad m \in M \tag{56}$$

für alle unipotenten Radikale N von parabolischen Untergruppen $P \neq M$ von M erfüllen. Jede Spitzenform ist quadratintegrierbar auf $\Gamma_M \backslash M$ bezüglich des Haarmaßes von M.

Sei $\mathcal{T}$ ein Orbit von Charakteren von Z_M wie oben, dann ist $V(\mathcal{T})$ der Abschluß des Unterraumes von $L^2(\Gamma_M \backslash M)$, welcher von Funktionen aus $\mathcal{A}_0(\Gamma_M, \chi, \rho')$ mit $\chi \in \mathcal{T}$ aufgespannt wird. $V(\mathcal{T})$ heißt **einfach zulässiger Raum** von Spitzenformen auf M. Ist P' assoziiert zu P, dann induziert $V(\mathcal{T})$ durch Strukturtransport einen einfach zulässigen Raum $V(\mathcal{T})'$ von Spitzenformen auf M'.

Es sei $\mathcal{E}(V(\mathcal{T}), \rho)$ oder kurz $\mathcal{E}(\mathcal{T}, \rho)$ der Raum aller stetigen Funktionen ϕ auf $NA\Gamma_M \backslash G$ mit Werten in $\mathbb{C}$, für welche $\phi(mg)$ für alle $g \in G$ in $V(\mathcal{T})$ liegt und $\phi(gk^{-1})$ für alle $g \in G$

als Funktion von $k \in K$ in dem von Matrixkoeffizienten der Darstellung ρ aufgespannten Raum von Funktionen auf K liegt. Der Raum $\mathcal{E}(\mathcal{T},\rho)$ ist ein endlich dimensionaler komplexer Vektorraum.

Sei P eine parabolische Untergruppe von G. Sei $\mathbf{a}_{\mathbb{C}}^*$ das Dual der komplexifizierten Liealgebra $\mathbf{a}_{\mathbb{C}}$ von A. Die Einschränkung der Killingform der Liealgebra von G auf $\mathbf{a}$ induziert eine Bilinearform $(.,.)$ auf $\mathbf{a}_{\mathbb{C}}^*$. Jedes $\Lambda \in \mathbf{a}_{\mathbb{C}}^*$ definiert einen Charakter $a = \exp(\Lambda(\log(a)))$ von A. Sei $\Sigma(P,A)$ die Menge der Wurzeln von P bezüglich A und $\Sigma_0(P,A)$ die Teilmenge der einfachen Wurzeln. Es bezeichne $\delta = \delta_P$ die halbe Summe der positiven Wurzeln von $\Sigma(P,A)$. Jedes Element $g \in G$ besitzt eine Zerlegung $g = n(g)a(g)m(g)k(g)$ mit $n(g) \in N, a(g) \in A, m(g) \in M$ und $k(g) \in K, P = AMN$.

Sei $\phi \in \mathcal{E}(\mathcal{T},\rho), g \in G$ und $\Lambda \in \mathbf{a}_{\mathbb{C}}^*$, dann konvergiert die **Eisensteinreihe**

$$E(g,\phi,\Lambda) = \sum_{\gamma \in \Gamma_P \backslash \Gamma} a(\gamma g)^{\delta+\Lambda}\phi(\gamma g)$$

für alle Λ mit $(\mathrm{Re}(\Lambda),\alpha) > (\delta,\alpha), \alpha \in \Sigma_0(P,A)$. Wir bezeichnen diesen Bereich mit $\delta + (\mathbf{a}_{\mathbb{C}}^*)^+$. In diesem Bereich definiert $E(g,\phi,\Lambda)$ bei festem g und ϕ eine holomorphe Funktion der Variable Λ. Die Eisensteinreihe $E(g,\phi,\Lambda)$ besitzt eine meromorphe Fortsetzung bezüglich der Variable Λ auf ganz $\mathbf{a}_{\mathbb{C}}^*$. Siehe [21], Seite 61 und 120.

Die Funktion $a(g)^{\delta+\Lambda}\phi(g)$ ist eine Eigenfunktion des Zentrums Z_G der universell einhüllenden Algebra der Liealgebra von G zu einem Charakter χ von Z_G. Folglich ist die Eisensteinreihe eine Eigenfunktion von Z_G zu diesem Charakter. Nach Konstruktion ist die Eisensteinreihe Γ-linksinvariant. Man kann zeigen, daß in der Tat die Eisensteinreihe $E(g,\phi,\Lambda)$ bei festem ϕ und Λ eine automorphe Form auf $\Gamma\backslash G$ ist, vorausgesetzt Λ ist keine Polstelle der Eisensteinreihe.

Ist P' eine parabolische Untergruppe von G von selben Rang wie P mit unipotentem Radikal N', dann ist

$$\int_{\Gamma \cap N' \backslash N'} E(ng,\phi,\Lambda)dn = \sum_{w \in W(\mathbf{a},\mathbf{a}')} a'(g)^{\delta+w\Lambda}(M(w,\Lambda)\phi)(g) \quad , \tag{57}$$

falls P' assoziiert zu P ist. Sind P und P' nicht assoziiert, ist das Integral null ([21], Seite 85). Die Funktion $M(w,\Lambda)$ ist eine lineare Abbildung von $\mathcal{E}(V(\mathcal{T}),\rho)$ nach $\mathcal{E}(V(\mathcal{T}'),\rho)$, welche analytisch als Funktion von Λ im Konvergenzbereich $\delta + (\mathbf{a}_{\mathbb{C}}^*)^+$ der Eisensteinreihe ist. $V(\mathcal{T})'$ ist der zu $V(\mathcal{T})$ gehörige einfach zulässige Raum von Spitzenformen auf $M', P' = A'M'N'$. Für alle $w \in W(\mathbf{a},\mathbf{a}')$ besitzt $M(w,\Lambda)$ eine meromorphe Fortsetzung auf ganz $\mathbf{a}_{\mathbb{C}}^*$.

Die Polstellen der Funktionen $M(w,\Lambda)$ und $E(g,\phi,\Lambda)$ liegen lokal in einer endlichen Vereinigung von Hyperebenen. Genauer: Für festes ϕ und ein gegebenes Kompaktum U in $\mathbf{a}_{\mathbb{C}}^*$ gibt es ein endliches Produkt $P(\Lambda)$ von Linearformen $L(\Lambda) = (\alpha,\Lambda) - c$ mit $\alpha \in \sum(P,A)$ und geeigneten Zahlen $c \in \mathbb{C}$ derart, daß

$$P(\Lambda)E(g,\phi,\Lambda) \quad \text{und} \quad P(\Lambda)M(w,\Lambda)$$

holomorph in einer Umgebung von U für alle $g \in G$ und alle $w \in W(\mathbf{a},\mathbf{a}')$ sind.
Es gelten die
Funktionalgleichungen

$$M(ts,\Lambda) = M(t,s\Lambda)M(s,\Lambda)$$

(58)

$$E(g,\phi,\Lambda) = E(g,M(w,\Lambda)\phi,w\Lambda)$$

für $\phi \in \mathcal{E}(\mathcal{T},\rho)$, $s,w \in W(\mathbf{a},\mathbf{a}')$ und $t \in W(\mathbf{a}',\mathbf{a}'')$ im Sinne von Identitäten meromorpher Funktionen ([21], Seite 120).

Seien $P \subseteq {}^\bullet P$ standard parabolische Untergruppen von G mit den Zerlegungen $P = AMN$ und ${}^\bullet P = {}^\bullet A {}^\bullet M {}^\bullet N$. Die Untergruppe P von ${}^\bullet P$ definiert eine parabolische Untergruppe ${}^\dagger P$ von ${}^\bullet M$

$${}^\dagger P = {}^\bullet N/({}^\bullet M {}^\bullet N \cap P) \quad .$$

Die Untergruppe ${}^\dagger P$ vom ${}^\bullet M$ hat die Zerlegung ${}^\dagger P = {}^\dagger A {}^\dagger M {}^\dagger N$. Die Liealgebra $\mathbf{a}$ der Splitkomponente von P spaltet bezüglich der Einschränkung der Killingform in orthogonale Summanden

(59) $$\mathbf{a} = {}^\bullet\mathbf{a} \oplus {}^\dagger\mathbf{a} \quad .$$

Man kann ${}^\dagger\mathbf{a}$ mit der Liealgebra der Splitkomponente ${}^\dagger A$ der parabolischen Gruppe ${}^\dagger P$ von ${}^\bullet M$ identifizieren. Es bezeichne $a = {}^\bullet a {}^\dagger a$ die Zerlegung eines Elementes $a \in A$ in seine Projektionen ${}^\bullet a \in {}^\bullet A = \exp({}^\bullet\mathbf{a})$, ${}^\dagger a \in {}^\dagger A = \exp({}^\dagger\mathbf{a})$. Für Linearformen $\Lambda \in \mathbf{a}_{\mathbb{C}}^*$ seien ${}^\bullet\Lambda$ und ${}^\dagger\Lambda$ die Einschränkungen von Λ auf ${}^\bullet\mathbf{a}_{\mathbb{C}}$ und ${}^\dagger\mathbf{a}_{\mathbb{C}}$. Wir setzen ${}^\bullet\Lambda$ und ${}^\dagger\Lambda$ durch null zu Linearformen auf $\mathbf{a}_{\mathbb{C}}$ fort.

Sei $V(\mathcal{T})$ ein einfach zulässiger Raum von Spitzenformen auf M und $\phi \in \mathcal{E}(\mathcal{T},\rho)$. Die bezüglich der parabolischen Gruppe $P \subseteq {}^\bullet P$ gebildete Eisensteinreihe $E(g,\phi,\Lambda)$ auf G

schreibt sich formal als Doppelsumme

$$(60)\qquad \begin{aligned} E(g,\phi,\Lambda) &= \sum_{\gamma\in\Gamma_{{}^\bullet P}\backslash\Gamma} {}^\bullet a(\gamma g)^{{}^\bullet\delta+{}^\bullet\Lambda}\, {}^\bullet E(\gamma g,\phi,{}^\dagger\Lambda) \\ {}^\bullet E(g,\phi,{}^\dagger\Lambda) &= \sum_{\overline{\gamma}\in\Gamma_{{}^\dagger P}\backslash\Gamma_{{}^\bullet M}} {}^\dagger a(\overline{\gamma} g)^{{}^\dagger\delta+{}^\dagger\Lambda}\phi(\overline{\gamma} g) \end{aligned} \quad .$$

Für $g = {}^\bullet n {}^\bullet n {}^\bullet m k$ aus G mit ${}^\bullet n \in {}^\bullet N, {}^\bullet a \in {}^\bullet A, {}^\bullet m \in {}^\bullet M$ und $k \in K$ und $\overline{\gamma} \in {}^\bullet M$ gilt

$$\phi(\overline{\gamma} g) = \phi(\overline{\gamma}({}^\bullet m k)) = (R_k\phi)(\overline{\gamma}{}^\bullet m) \quad .$$

R_k bedeute Rechtstranslation mit $k \in K$. Die Funktion ${}^\bullet E(g,\phi,{}^\dagger\Lambda)$ ist daher eine Eisensteinreihe zur parabolischen Gruppe ${}^\dagger P$ von ${}^\bullet M$, welche der Einschränkung der Funktion $R_k\phi$ auf ${}^\bullet M$ zugeordnet ist.

Sei t die Liealgebra der Splitkomponente T der Borelgruppe B. Es seien $\mathbf{a}, \mathbf{a}_i$ und ${}^\bullet\mathbf{a}$ Splitkomponenten von parabolischen Gruppen P, P_i und ${}^\bullet P$ mit ${}^\bullet\mathbf{a} \subseteq \mathbf{a}_i$ und ${}^\bullet\mathbf{a} \subseteq \mathbf{a}$. Dann bezeichne ${}^\dagger W(\mathbf{a},\mathbf{a}_i)$ die Teilmenge der Elemente von $W(\mathbf{a},\mathbf{a}_i)$, welche ${}^\bullet\mathbf{a}$ elementweise festhalten und Einschränkungen von Elementen aus $W(t,t)$ sind. Bezüglich der induzierten Operation auf $\mathbf{a}^*_{\mathbb{C}}$ lassen Elemente aus ${}^\dagger W(\mathbf{a},\mathbf{a}_i)$ die Komponente ${}^\bullet\Lambda$ fest und operieren auf der ${}^\dagger\Lambda$ Komponente jedes Elementes $\Lambda \in \mathbf{a}^*_{\mathbb{C}}$.

Wir nehmen an, die Funktion ${}^\bullet E(g,\phi,{}^\dagger\Lambda)$ sei holomorph bei ${}^\dagger\Lambda = {}^\dagger\Lambda_0$. Ist $\Lambda = {}^\dagger\Lambda_0 + {}^\bullet\Lambda$ in $\mathbf{a}^*_{\mathbb{C}}$ und Λ in der konvexen Hülle der Menge

$$(61)\qquad \bigsqcup_i \bigsqcup_{w\in{}^\dagger W(\mathbf{a},\mathbf{a}_i)} w^{-1}(\delta_{P_i} + (\mathbf{a}^*_{i,\mathbb{C}}))^+ \quad ,$$

dann konvergiert die Summation (60) und stellt die Eisensteinreihe $E(g,\phi,\Lambda)$ dar. Insbesondere ist dann $E(g,\phi,\Lambda)$ holomorph im Punkt Λ ([21], Seite 68).
Seien $\mathbf{a}$ und $\mathbf{a}'$ Liealgebren von Splitkomponenten von standard parabolischen Untergruppen P und P' von G. Sei ${}^\bullet P$ eine standard parabolische Untergruppe, welche P und P' enthält und $w \in {}^\dagger W(\mathbf{a},\mathbf{a}')$ ein Element, welches die Liealgebra ${}^\bullet\mathbf{a}$ der Splitkomponente von ${}^\bullet P$ elementweise festhält. Dann gilt

$$(62)\qquad E(g, M(w,\Lambda)\phi, w\Lambda) = E(g, {}^\dagger M({}^\dagger w, {}^\dagger\Lambda)\phi, w\Lambda)$$

für ein ${}^\dagger w \in {}^\dagger W({}^\dagger\mathbf{a}, {}^\dagger\mathbf{a}')$ in ${}^\bullet M$ und einen Operator ${}^\dagger M({}^\dagger w, {}^\dagger\Lambda)$, welcher zur Eisensteinreihe ${}^\bullet E(g,\phi,{}^\dagger\Lambda)$ auf der Gruppe ${}^\bullet M$ gehört. Hierbei ist ${}^\bullet E(g,\phi,{}^\dagger\Lambda)$ die Eisensteinreihe auf ${}^\bullet M$, welche in der Summation (60) auftritt ([21], Seite 169).

Sei χ der Charakter von Z_G, ρ eine irreduzible Darstellung von K, dann bezeichne $\mathcal{A}^2(\Gamma,\chi,\rho)$ den Teilraum aller automorphen Formen in $\mathcal{A}(\Gamma,\chi,\rho)$, welche auf $\Gamma\backslash G$ quadratintegrierbar sind bezüglich eines Haarmaßes von G. Als Teilraum von $L^2(\Gamma\backslash G)$ ist $\mathcal{A}^2(\Gamma,\chi,\rho)$ mit einem hermiteschen Skalarprodukt versehen. Bezüglich dieses Skalarproduktes besitzt der endlich dimensionale Vektorraum $\mathcal{A}^2(\Gamma,\chi,\rho)$ eine orthogonale Zerlegung in Teilräume

(63) $$\mathcal{A}^2(\Gamma,\chi,\rho) = \bigoplus_{\{P\}} \mathcal{A}^2_{\{P\}}(\Gamma,\chi,\rho) \quad .$$

Die Summe durchläuft die assoziierten Klassen $\{P\}$ von parabolischen Untergruppen von G. Die Räume $\mathcal{A}^2_{\{P\}}(\Gamma,\chi,\rho)$ werden mit Hilfe von Spitzenformen der Gruppen $M', P' = A'M'N'$ für $P' \in \{P\}$ konstruiert. Insbesondere ist $\mathcal{A}^2_{\{P\}}(\Gamma,\chi,\rho)$ der Raum der Spitzenformen $\mathcal{A}^2_0(\Gamma,\chi,\rho)$ auf G.

Sei $P = AMN$ und $V = V(\mathcal{T})$ ein einfach zulässiger Raum von Spitzenformen auf M. Für jede zu P assoziierte Gruppe P' induziert V einen einfach zulässigen Raum V' auf M'. Dies definiert eine Menge $\{V\}$ von einfach zulässigen Räumen für alle $P' \in \{P\}$. Die Zerlegung (63) von $\mathcal{A}(\Gamma,\chi,\rho)$ besitzt eine Verfeinerung.

(64) $$\mathcal{A}^2_{\{P\}}(\Gamma,\chi,\rho) = \bigoplus_{\{V\}} \mathcal{A}^2_{\{P\},\{V\}}(\Gamma,\chi,\rho) \quad .$$

Die Summe durchläuft die oben beschriebenen Mengen $\{V\}$ einfach zulässiger Räume. Fast alle Summanden sind null.

Die Existenz der Zerlegungen (63) und (64) folgt aus der Theorie der Eisensteinreihen. Eine genaue Beschreibung der Räume $\mathcal{A}^2_{\{P\},\{V\}}(\Gamma,\chi,\rho)$ findet man im 7. Kapitel von [21], insbesondere Thm 7.1 . Diese Beschreibung ist relativ kompliziert und erfolgt durch Residuenbildung von Eisensteinreihen $E(g,\phi,\Lambda)$, $\phi \in \mathcal{E}(V(\mathcal{T}',\rho))$ gebildet zu parabolischen Gruppen $P \in \{P\}$. Siehe [21], Lemma 7.6 (Spezialfall $m = 0$). Dies soll kurz erläutert werden.

Wir fixieren $P \in \{P\}$ und $V = V(\mathcal{T})$. Sei $\mathbf{a}$ die Liealgebra einer Splitkomponente von P und $\mathbf{a}^* = \mathrm{Hom}(\mathbf{a}, \mathbb{R})$. Ist der Rang von P gleich n, dann ist $\mathbf{a}^*$ ein reeller Vektorraum der Dimension n. Die Killingform induziert eine Metrik auf $\mathbf{a}^*$. Wir wählen $R > (\delta_P,\delta_P)^{\frac{1}{2}}$ und bezeichnen mit $D(R)$ die Menge aller Punkte $\Lambda \in \mathbf{a}^*$ mit $(\Lambda,\Lambda) < R^2$. Es sei Φ ein fest gewählter Punkt in $D(R) \cap (\delta_P + (\mathbf{a}^*_{\mathbb{C}})^+)$.

Nur endlich viele Polhyperebenen H der Eisensteinreihen $E(g,\phi,\Lambda)$, $\phi \in \mathcal{E}(\mathcal{T},\rho)$ treffen die relativ kompakte Menge $D(R)$ von $\mathbf{a}^*_{\mathbb{C}}$. Diese Hyperebenen definieren eine endliche Menge von Hyperebenen von $\mathbf{a}^*$, welche durch Gleichungen $(\alpha, \Lambda) = c$ mit $\alpha \in \sum(P, A), c \in \mathbb{R}$ gegeben sind. Es gibt daher endlich viele Sequenzen $\mathcal{H} = (H_1, \ldots, H_n)$ solcher Hyperebenen der Länge n. Wir setzen

$$(65) \qquad \mathcal{H}^{(r)} = \bigcap_{i=1}^{r} H_i \quad ; \quad \mathbf{a}^* = \mathcal{H}^{(0)} \supseteq \mathcal{H}^{(1)} \supseteq \ldots \supseteq \mathcal{H}^{(n)} \quad ,$$

und bezeichnen mit $0^{(r)}$ den Punkt in $\mathcal{H}^{(r)}$, welcher dem Punkt 0 in $\mathbf{a}^*$ am nächsten kommt. Die Sequenz $\mathcal{H}$ heißt zulässig bezüglich $\Phi = \Phi^{(0)}$, falls Eigenschaft (43) und (44) für alle $0 \leq r < n$ erfüllt ist. Wegen (43) besteht der Endpunkt $\mathcal{H}^{(n)}$ der Sequenz $\mathcal{H}$ aus einem einzigen Punkt Λ. Die Sequenz heißt entartet, falls (42) für ein $r < n$ erfüllt ist. Andernfalls heißt sie nicht entartet.

Wir wollen außerdem annehmen, daß der Punkt Φ in $D(R) \cap (\delta_{P^+}(\mathbf{a}_{\mathbb{C}}^*)^+)$ so gewählt wurde, daß für alle Sequenzen $\mathcal{H}$ solcher Polhyperebenen Bedingung (46) erfüllt ist. Durch geeignete Wahl von Φ kann man dies immer erreichen.

Zwei zulässige Sequenzen $\mathcal{H}_1$ und $\mathcal{H}_2$ heißen äquivalent, wenn sie dieselbe Sequenz (65) von affin linearen Unterräumen von $\mathbf{a}^*$ definieren. Die Äquivalenzklasse von $\mathcal{H}$ wird mit $[\mathcal{H}]$ bezeichnet. Jede zulässige Sequenz $\mathcal{H}$ definiert Einheitsnormalenvektoren $n_i (1 \leq i \leq n)$ in $\mathcal{H}^{(i-1)}$, orthogonal zu $\mathcal{H}^{(i)} \subseteq \mathcal{H}^{(i-1)}$ in Richtung von $0^{(i-1)}$ nach $\Phi^{(i-1)}$. Dies hängt nur ab von der Äquivalenzklasse $[\mathcal{H}]$ von $\mathcal{H}$.
Ist $f(\Lambda)$ meromorph auf dem Tubengebiet $T(R) = \{\Lambda \in \mathbf{a}_{\mathbb{C}}^* : \mathrm{Re}(\Lambda) \in D(R)\}$, dann sei

$$\mathrm{Res}_{[\mathcal{H}]} f = \operatorname*{Res}_{z_n=0} \ldots \operatorname*{Res}_{z_1=0} f(\mathcal{H}^{(n)} + \sum_{i=1}^{n} z_i n_i) =$$

$$(\frac{1}{2\pi i})^n \int_{C_n} \ldots \int_{C_1} f(\mathcal{H}^{(n)} + \sum_{i=1}^{n} z_i n_i) dz_1 \ldots dz_n \quad .$$

Hierbei seien C_i Kreise in $\mathbb{C}$ um 0 mit positivem Umlaufssinn und Radius $r_i (r_{n+1} = 1)$, wobei r_i / r_{i+1} genügend klein gewählt werden muß.

Den Paley-Wiener Raum aller holomorphen Funktionen $f(\Lambda)$ auf dem Tubengebiet $T(R)$, für welche $f(\Lambda)P(\Lambda)$ für alle Polynome $P(\Lambda)$ beschränkt ist, bezeichnen wir mit $PW(R)$. Dieser Raum ist abgeschlossen bezüglich Multiplikation mit Polynomen. Das Hauptresultat über quadratintegrierbare automorphe Formen lautet

Satz 7 (Langlands): *a) Sei $P' \in \{P\}$ und $V' = V(\mathcal{T})' \in \{V\}$. Dann gibt es eine endliche Menge $\mathcal{S}$ von Äquivalenzklassen zulässiger Sequenzen $\mathcal{H}$, so daß für alle $f \in PW(R)$, alle $\phi \in \mathcal{E}(\mathcal{T}, \rho)$ und alle Eisensteinreihen $E(g, \phi, \Lambda)$ bezüglich P'*

$$\sum_{[\mathcal{H}] \in \mathcal{S}} \operatorname*{Res}_{[\mathcal{H}]} f(\Lambda) E(g, \phi, \Lambda) \tag{66}$$

eine Linearkombination

$$\sum_{\chi} \varphi_{\chi} \quad , \quad \varphi_{\chi} \in \mathcal{A}^2_{\{P\},\{V\}}(\Gamma, \chi, \rho) \tag{67}$$

von quadratintegrierbaren automorphen Formen φ_{χ} ist. Hierbei durchläuft χ endlich viele Charaktere von $\mathcal{Z}_G$, welche nur von P' und V' abhängen.

b) Jede automorphe Form $\varphi \in \mathcal{A}^2{}_{\{P\},\{V\}}(\Gamma, \chi, \rho)$ ist eine endliche Linearkombination von Residuen (66), gebildet zu geeigneten $P' \in \{P\}, V(\mathcal{T})' \in \{V\}$ sowie geeigneten $f \in PW(R)$ und $\phi \in \mathcal{E}(V(\mathcal{T})', \rho)$.

c) Ist eine zulässige Sequenz $\mathcal{H}$ nicht entartet, dann gilt $[\mathcal{H}] \in \mathcal{S}$.

Beweis: Siehe [21], insbesondere Kapitel 7, Seite 232, letzter Abschnitt.

Die Teilsummen

$$\sum_{\substack{[\mathcal{H}] \in \mathcal{S} \\ \mathcal{H}^{(n)} = \Lambda_0}} \operatorname{Res}_{[\mathcal{H}]} f(\Lambda) g(\Lambda) \quad ; \quad g(\Lambda) = E(g, \phi, \Lambda), f \in PW(R) \tag{68}$$

von (66) sind Funktionen aus dem Eisensteinsystem des affinen Raumes $S = \{\Lambda_0\}$ im Sinne von [21] oder sie sind null, insbesondere daher Eigenfunktionen von $\mathcal{Z}_G$. Siehe [21], Seite 200.

Bemerkung: Sind $L_1(\Lambda), \ldots, L_t(\Lambda)$ Linearformen mit $g(\Lambda) = \tilde{g}(\Lambda) / \prod_{i=1}^{t} L_i(\Lambda)$ und $\tilde{g}(\Lambda)$ sei holomorph bei Λ_0, dann ist das Residuum (68) null, falls die Funktion $f(\Lambda)$ von genügend hoher Ordnung N im Punkt Λ_0 verschwindet. Verschwinden von genügend hoher Ordnung soll dabei heißen, $f(\Lambda)$ ist in $m(\Lambda_0)^N$, wobei $m(\Lambda_0)$ das Ideal der im Punkt Λ_0 verschwindenden holomorphen Funktionen sei.

Ist $Q(\Lambda)$ ein Polynom auf $\mathbf{a}^*_{\mathbb{C}}$, $f(\Lambda) \in PW(R)$ beliebig mit $f(\Lambda_0) \neq 0$ und $N \in \mathbb{N}$, dann gibt es ein Polynom $P(\Lambda)$ mit $P(\Lambda) f(\Lambda) \equiv Q(\Lambda) \bmod m(\Lambda_0)^N$ und $P(\Lambda) f(\Lambda) \equiv 0 \bmod m(\Lambda_i)^N$ für alle Endpunkte $\Lambda_i \neq \Lambda_0$ der Sequenzen $\mathcal{H}, [\mathcal{H}] \in \Sigma$. Ersetzt man in (66) die Funktion $f(\Lambda) \in PW(R)$ durch $P(\Lambda) f(\Lambda) \in PW(R)$, dann ergibt sich

$$\sum_{\substack{[\mathcal{H}] \in \mathcal{S} \\ \mathcal{H}^{(n)} = \Lambda_0}} \operatorname*{Res}_{[\mathcal{H}]} Q(\Lambda) E(g, \phi, \Lambda) \quad . \tag{69}$$

Man erhält aus Satz 7 die

Folgerung: *Ist Q ein Polynom auf $\mathbf{a}_{\mathbb{C}}^*$ und $\phi \in \mathcal{E}(\mathcal{T}, \rho)$, dann ist das Residuum (69) eine auf $\Gamma\backslash G$ quadratintegrierbare Eigenfunktion des Casimiroperators.*

7 EISENSTEINREIHEN VOM KLINGENSCHEN TYP

In diesem Abschnitt wird die Theorie der Eisensteinreihen auf den Fall spezialisiert, daß **G** die symplektische Gruppe und Γ die Siegelsche Modulgruppe ist.

Als erstes werden die standard parabolischen Untergruppen der symplektischen Gruppe **G** beschrieben. Sei **B** die Borelgruppe aller Matrizen $\begin{pmatrix} A & B \\ C & D \end{pmatrix}$ in G mit $C = 0$, für die A eine untere Dreiecksmatrix ist. **T** sei der maximale Torus der Diagonalmatrizen.
Aus der allgemeinen Theorie folgt, daß die standard parabolischen Untergruppen von G den Teilmengen F von $\Sigma_0(\mathbf{B}, \mathbf{T})$ entsprechen. Der Teilmenge F ist die Gruppe $\mathbf{P}_F = Z(A_F)\mathbf{N}_F$ zugeordnet. Die Liealgebra von $\mathbf{N}_F$ ist die Summe aller Wurzelräume $\mathcal{G}_\alpha$, wobei α alle Wurzeln von $\Sigma(\mathbf{B}, \mathbf{T})$ durchläuft, welche nicht Summen von Wurzeln in F sind. Der Torus $\mathbf{A}_F$ in $\mathbf{T}$ ist definiert durch $A_F = [\bigcap_{\alpha \in F} \mathrm{Kern}(\alpha)]^o$.
Die standard parabolischen Gruppen von Rang 1 sind daher die Gruppen $\mathbf{P}_r, 1 \leq r \leq n$ aller Matrizen.

$$\text{(70)} \qquad \begin{pmatrix} A & 0 & B & \tilde{m} \\ n & a & m & t \\ C & 0 & D & \tilde{n} \\ 0 & 0 & 0 & t \end{pmatrix} \quad ; \quad a \in Gl_r, \begin{pmatrix} A & B \\ C & D \end{pmatrix} \in Sp_{2j} \quad (r = n - j) \quad .$$

Es sei $\mathbf{B}_r \subseteq \mathbf{P}_r$ die Untergruppe aller Matrizen (70), für die a eine untere Dreiecksmatrix ist. Diese Gruppen sind standard parabolisch. Für jede standard parabolische Gruppe $\mathbf{P} \neq \mathbf{G}$ gibt es ein $r(1 \leq r \leq n)$, sodaß $\mathbf{B}_r \subseteq \mathbf{P} \subseteq \mathbf{P}_r$ gilt.

Die Liegruppen B_r besitzen die Langlandzerlegung $B_r = A_r M_r N_r$. Die Splitkomponente A_r ist in der Schreibweise von (70) die Gruppe aller Diagonalmatrizen mit positiven reellen Einträgen, welche $A = D = E^{(j,j)}$ erfüllen. Elemente von A_r sind daher durch die Teilmatrix $a = \mathrm{Diag}(a_1, \ldots, a_r)$ festgelegt.
Die Charaktere $\chi_i(a) = a_i$ definieren eine Basis $e_i(1 \leq i \leq r)$ des Duals $\mathbf{a}_r^*$ der Liealgebra der Splitkomponente A_r von B_r. Diese identifiziert $\mathbf{a}_r^*$ mit $\mathbb{R}^r$. Die Killingform induziert auf $\mathbf{a}_r^* \xrightarrow{\sim} \mathbb{R}^r$ ein Vielfaches der Standardbilinearform des $\mathbb{R}^r$.
M_r ist die Gruppe aller Matrizen (70) mit einer Diagonalmatrix a, für die $a^2 = 1, n = 0, m = 0, \tilde{n} = 0, \tilde{m} = 0$ und $t = 0$ gilt. Die Gruppe M_r ist zu $Sp_{2j}(\mathbb{R}) \times (\mathbb{Z}/2)^r$ isomorph.
Die Liealgebra von N_r ist erzeugt von allen Matrizen

$$\text{(71)} \qquad \begin{pmatrix} 0 & 0 & 0 & v' \\ u & w & v & t \\ 0 & 0 & 0 & -u' \\ 0 & 0 & 0 & -w' \end{pmatrix} \quad ; \quad u, v \in M_{r,j}(\mathbb{R}) \ , \ t = t' \in M_{r,r}(\mathbb{R})$$

in der Liealgebra $\mathcal{G}$ von G, für die $w_{kl} = 0 (l \geq k)$ gilt. Für $a \in A_r$ und $X = X(u, v, w, t)$ in Lie(N_r) ist

$$\mathrm{Ad}(a)X = X(au, av, awa^{-1}, ata) \quad .$$

Die Wurzeln $\Sigma(B_r, A_r)$ sind daher

$$\begin{array}{lll} & e_1, \ldots, e_r & \text{Vielfachheit} \quad 2(n-r) \\ (72) & e_i - e_j \quad 1 \leq j < i \leq r \quad ; & \delta_{B_r} = \sum_{i=1}^{r} (n - r + i) e_i . \\ & e_i + e_j \quad 1 \leq j \leq i \leq r & \end{array}$$

Die einfachen Wurzeln in $\Sigma_0(B_r, A_r)$ sind $\alpha_i = e_i - e_{i-1} (2 \leq i \leq r)$ und $\alpha_1 = e_1 (r \neq n)$ beziehungsweise $\alpha_1 = 2e_1 (r = n)$.
Wie man leicht sieht, ist der Normalisator $N(\mathbf{a}_r)$ in G bezüglich $\mathrm{Ad}(g)$ enthalten in der Untergruppe der Matrizen

$$(73) \qquad \begin{pmatrix} A & 0 & B & 0 \\ 0 & \tilde{A} & 0 & \tilde{B} \\ C & 0 & D & 0 \\ 0 & \tilde{C} & 0 & \tilde{D} \end{pmatrix} \quad ; \quad \begin{pmatrix} A & B \\ C & D \end{pmatrix} \in Sp_{2j} \, , \; \begin{pmatrix} \tilde{A} & \tilde{B} \\ \tilde{C} & \tilde{D} \end{pmatrix} \in Sp_{2r} \quad .$$

Die Operation von g auf der Zusammenhangskomponente $(M_r)^0 \tilde{\rightarrow} Sp_{2j}$ der Gruppe M_r induziert einen inneren Automorphismus und operiert daher trivial auf Z_{M_r}. Die Orbiten $\mathcal{T}$ der Operation von $N(\mathbf{a}_r)$ auf der Charaktergruppe von Z_{M_r} sind daher **einelementig**.

Bezüglich der Identifikation $\mathbf{a}_r^* \tilde{\rightarrow} I\!R^r$ wird die Gruppe $W(\mathbf{a}_r, \mathbf{a}_r)$ erzeugt von den Permutationen der Basisvektoren $e_1, \ldots, e_r$ und der Spiegelung $e_1 \mapsto -e_1$. Im Fall $r = n$ ist dies die wohlbekannte Operation der **Weylgruppe** $W(\mathbf{a}_n, \mathbf{a}_n) = N(T)/Z(T)$ auf $\mathbf{a}_n$ und damit auch auf $\mathbf{a}_n^*$. Die Behauptung läßt sich wegen (73) sofort auf diesen Fall zurückführen.
Für die Siegelsche Modulgruppe $\Gamma = \Gamma_n$ haben die Gruppen Γ_M für alle standard parabolischen Gruppen P von G nur ein "Spitze". Da in jeder assoziierten Klasse genau eine standard parabolische Gruppe liegt, sind daher alle parabolischen Gruppen in $\{P_r\}$ bzw. $\{B_r\}$ zueinander konjugiert unter der Modulgruppe Γ_n.

Dies ist von Bedeutung für unsere späteren Betrachtungen, da man sich bei der Bildung von Eisensteinreihen in Satz 7 auf ein **Γ-Repräsentantensystem** von parabolischen Gruppen in $\{P\}$ beschränken kann ([21], Seite 169).
Im folgenden sei daher immer vorausgesetzt, daß $\Gamma = \Gamma_n$ die Siegelsche Modulgruppe ist.

Da wir ausschließlich an holomorphen Modulformen interessiert sind, beschränken wir uns auf Eisensteinreihen, welche zu einer Teilklasse von einfach zulässigen Räumen gebildet sind. Diese sollen im folgenden beschrieben werden.

Es gilt

$$(74) \qquad \Gamma_{M_r}\backslash M_r \xrightarrow{\sim} \Gamma_j\backslash Sp_{2j} \quad .$$

Jeder Spitzenform in $[\Gamma_j, \rho']_o$ ist daher eine automorphe Form (38) auf $\Gamma_{M_r}\backslash M_r$ zugeordnet. Jede Komponente dieser vektorwertigen automorphen Form liegt in $\mathcal{A}_0(\Gamma_{M_r}, \chi_{\rho'}, \rho')$. Diese automorphen Formen liegen in dem einfach zulässigen Raum

$$(75) \qquad V(\mathcal{T}_{\rho'}) = \bigoplus_{\rho_0} \mathcal{A}_0(\Gamma_{M_r}\chi_{\rho'}, \rho_0) \quad ; \quad \mathcal{T}_{\rho'} = \{\chi_{\rho'}\}$$

von Spitzenformen auf M_r. Die Summe durchläuft alle irreduziblen Darstellungen ρ_0 von $K_{M_r} = K \cap M_r \xrightarrow{\sim} U(j) \times (\mathbb{Z}/2)^r$. Die Funktionen in $V(\mathcal{T}_{\rho'})$ sind invariant unter $\Gamma_{M_r} \xrightarrow{\sim} \Gamma_j \times (\mathbb{Z}/2)^r$. In (75) kann man sich daher auf Summanden beschränken, für die die Darstellung ρ_o über eine Darstellung ρ'' von $U(j)$ faktorisiert. Die verbleibenden Summanden

$$(76) \qquad \mathcal{A}_0(\Gamma_{M_r}, \chi_{\rho'}, \rho_0) \xrightarrow{\sim} \mathcal{A}_0(\Gamma_{M_r}, \chi_{\rho'}, \rho'')$$

gehören zu automorphen Formen auf der symplektischen Gruppe Sp_{2j}.

Bezeichnung: Ist ρ eine irreduzible Darstellung von $Gl_n(\mathbb{C})$, dann schreiben wir $\mathcal{E}(\rho', \rho)$ anstatt $\mathcal{E}(\mathcal{T}_{\rho'}, \rho)$.

Für $\phi \in \mathcal{E}(\rho', \rho), m \in M_r$ und $k \in K$ sei $\varphi(m, k) =: \phi(mk^{-1})$.
Aus der Definition von $\mathcal{E}(\rho', \rho)$ folgt

$$(77) \qquad \varphi(m, k) = \sum_{u,v} \varphi_{u,v}(m)\psi_{u,v}(k)$$

mit

$$\psi_{u,v}(k) = u(\rho(k)v); u \in V_\rho^*, v \in V_\rho \quad .$$

Der von den Matrixkoeffizienten $\psi_{u,v}$ aufgespannte Funktionenraum ist unter der Operation $\psi \mapsto \psi(k_0^{-1}kk_1)$ von $(k_0, k_1) \in K \times K$ zu der Darstellung $V_\rho^* \otimes V_\rho$ von $K \times K$ isomorph (Äußeres Tensorprodukt). Wegen

$$\varphi(mk_1, kk_1) = \varphi(m, k) \quad , \quad k_1 \in K \cap M_r$$

kann man $\varphi(m,k)$ als Element von

$$(\mathcal{A}_0(\Gamma_j, \chi_{\rho'}, \rho'') \underset{\mathbb{C}}{\otimes} V_\rho)^{K\cap M_r} \underset{\mathbb{C}}{\bigotimes} V_\rho^*$$

auffassen.

Folgerung: Die Abbildung

(78) $$\bigoplus_{\rho''} \mathcal{A}_0[\Gamma_j, \chi_{\rho'}, \rho''] \underset{\mathbb{C}}{\bigotimes} \mathrm{Hom}_{K\cap M_r}(V_{\rho''}, V_\rho) \underset{\mathbb{C}}{\bigotimes} V_\rho^* \xrightarrow{\sim} \mathcal{E}(\rho', \rho)$$

definiert durch

(79) $$F \otimes \iota \otimes L \mapsto \phi(g) = L(\rho(k)^{-1}\iota(F(m))) \ , \ g = mk$$

für $m \in (M_r)^0$ und $k \in K$ ist ein Isomorphismus.

Definition: Den Summand der Zerlegung (78) mit $\rho'' = \rho'$ bezeichnen wir als **holomorph zulässigen Teilraum** $\mathcal{E}_{\mathrm{hol}}(\rho', \rho)$ von $\mathcal{E}(\rho', \rho)$.

Jedes Element $g \in G$ besitzt eine Zerlegung $g = amnk$ mit $a \in A_r, m \in M_r, n \in N_r$ und $k \in K$. Die Komponente $a = a(g)$ ist unabhängig von der Wahl der Zerlegung. Wir setzen $\det(a) = \prod_{i=1}^r a_i$.

Lemma 11: *Sei ρ eine Liftung der Darstellung ρ' vom Gewicht k, dann gilt*

a) $\mathcal{E}_{\mathrm{hol}}(\rho', \rho) \xrightarrow{\sim} [\Gamma_j, \rho']_0 \otimes V_\rho^*$. *Ist $k \geq j$, dann gilt $\mathcal{E}(\rho', \rho) = \mathcal{E}_{\mathrm{hol}}(\rho', \rho)$.*

b) *Ist $\pi \sim (\pi_1, \ldots, \pi_n)$ irreduzibel mit $\pi_n \geq 0$ und $k - j \geq \pi_1$ und sei $\bigoplus_\mu \rho_\mu$ die Zerlegung von $\rho \otimes \pi^*$ in irreduzible Darstellungen ρ_μ, dann ist $\mathcal{E}(\rho', \rho_\mu) = 0$, außer wenn $\rho_\mu \sim (\mu_1, \ldots, \mu_n)$ gilt mit $\rho' \sim (\mu_1, \ldots, \mu_j)$.*

c) *Für $\phi \in \mathcal{E}_{\mathrm{hol}}(\rho', \rho)$ gilt: $E_-(\det a(g)^k \phi(g)) = 0$.*

Beweis: Ist (V, ρ) eine rationale Darstellung der Gruppe $Gl_n(\mathbb{C})$ und $v \neq 0$ ein Vektor in V mit

$$\rho \begin{pmatrix} a_1 & & 0 \\ & \ddots & \\ 0 & & a_n \end{pmatrix} v = \prod_{i=1}^n a_i^{\xi_i} v \quad ,$$

dann ordnen wir dem Gewichtstupel $\xi = (\xi_1, \ldots, \xi_n)$ den Vektor $x(\xi)$ mit den Koordinaten

$$x(\xi)_i = \sum_{\nu=1}^i \xi_i \ , \ x(\xi)_0 = 0$$

zu. Ist ρ irreduzibel mit Höchstgewicht $\lambda = (\lambda_1, \dots, \lambda_n)$, dann gilt für alle Gewichtstupel ξ von (V, ρ)

$$x(\lambda)_i \geq x(\xi)_i \quad (0 \leq i \leq n) \tag{80}$$

sowie (81)

$$x(\lambda)_n = x(\xi)_n \quad . \tag{81}$$

Dies ist klar für eindimensionale und die Fundamentaldarstellungen $V = \Lambda^\mu(\mathbb{C})$. Den allgemeinen Fall führt man darauf zurück, indem man (V, ρ) in ein geeignetes Tensorprodukt dieser Darstellungen einbettet.

Schränkt man die irreduzible Darstellung $\rho \sim (\lambda_1, \dots, \lambda_n)$ von $Gl_n(\mathbb{C})$ auf die Untergruppe $Gl_j(\mathbb{C}) \times Gl_r(\mathbb{C})$ aller Matrizen

$$g = \begin{pmatrix} g^{(j,j)} & 0 \\ 0 & g^{(r,r)} \end{pmatrix} \in Gl_n(\mathbb{C})$$

ein, dann zerfällt V_ρ in irreduzible Summanden

$$V_\rho \xrightarrow{\sim} \bigoplus_{\rho_1 \otimes \rho_2} V_{\rho_1} \otimes V_{\rho_2} \quad . \tag{82}$$

Jede irreduzible Darstellung von $Gl_j(\mathbb{C}) \times Gl_r(\mathbb{C})$ ist ein Tensorprodukt von irreduziblen Darstellungen ρ_1 und ρ_2 von $Gl_j(\mathbb{C})$ und $Gl_r(\mathbb{C})$.

Einer irreduziblen Darstellung $\rho_1 \sim (\mu_1, \dots, \mu_j)$ von $Gl_j(\mathbb{C})$ ordnen wir die Zahl

$$\mathbf{x}(\rho_1) = \sum_{i=1}^{j} [(\mu_i - i)^2 - i^2]$$

zu. Ist ρ' die irreduzible Darstellung von $Gl_j(\mathbb{C})$ mit $\rho' \sim (\lambda_1, \dots, \lambda_j)$, dann gilt

Behauptung: *Es sei $\lambda_n \geq j$.*
1) Für alle Darstellungen ρ_1 in der Zerlegung (82) gilt $\mathbf{x}(\rho_1) < \mathbf{x}(\rho')$ oder $\rho_1 \xrightarrow{\sim} \rho'$.
2) Ist ρ eine Liftung von ρ', dann gibt es genau einen Summanden $V_{\rho_1} \otimes V_{\rho_2}$ in (82) mit $\rho_1 \xrightarrow{\sim} \rho'$. Für diesen gilt $\rho_2 \sim (\lambda_{j+1}, \dots, \lambda_n)$.

Beweis der Behauptung: Die Darstellung $\tilde{\rho} = \rho \otimes \det^{-\lambda_n}$ ist polynomial. Der Zerlegung (82) entspricht eine Zerlegung von $V_{\tilde{\rho}}$ in polynomiale Summanden $V_{\tilde{\rho}_1 \otimes \tilde{\rho}_2}$. Daher folgt aus der Annahme $\lambda_n \geq j$ die Ungleichung

$$\mu_i \geq j \quad (1 \leq i \leq n) \tag{83}$$

für alle (ρ_1, ρ_2) in der Zerlegung (82) mit $\rho \sim (\mu_1, \ldots, \mu_j)$ und $\rho_2 \sim (\mu_{j+1}, \ldots, \mu_n)$. Ist

$$F(x) = \sum_{i=1}^{j} (x_i - x_{i-1} - i)^2 \ , \ x = (x_0, \ldots, x_n)$$

und $x_0 = 0$, sowie $x_t = tx(\lambda) + (1-t)x(\mu)$, dann gilt

$$\frac{dF}{dt}(x_t) = \sum_{i=1}^{j} \frac{dF}{dx_i}(x_t) \cdot (x(\lambda) - x(\mu))_i \quad .$$

Die Funktion ist daher monoton wachsend auf der Verbindungsstrecke aller $x_t, 0 \leq t \leq 1$ wegen (80) und

$$\frac{1}{2}\frac{dF}{dx_i}(x) = 1 + (x_i - x_{i-1}) - (x_{i+1} - x_i) > 0 \quad (1 \leq i < j)$$

$$\frac{1}{2}\frac{dF}{dx_j}(x) = x_j - x_{j-1} - j \geq 0 \quad .$$

Es folgt $F(x(\lambda)) \geq F(x(\mu))$. Nur für $(\lambda_1, \ldots, \lambda_j) = (\mu_1, \ldots, \mu_j)$ gilt Gleichheit.

Da $\mathbf{x}(\rho') > \mathbf{x}(\rho_1)$ zu $F(x(\lambda)) \geq F(x(\mu))$ äquivalent ist, ist die erste Behauptung gezeigt. Gilt Gleichheit, dann ist

(84) $$\lambda_{j+1} \geq \mu_{j+1} \geq \ldots \geq \mu_n \quad ,$$

da λ Höchstgewicht von V_ρ und $(\mu_{j+1}, \ldots, \mu_n)$ Höchstgewicht von V_{ρ_2} ist. Aus (84), (81) und (9) folgt $\mu_i = \lambda_i (1 \leq i \leq n)$. Der Eigenraum dieses Höchstgewichtes von V_ρ ist eindimensional. □

Die Behauptung zusammen mit Satz 6 und (78) liefert Aussage a) und b) von Lemma 11.

Zum Beweis von c) kann man wegen (79) die Funktion $\det a(g)^k \phi(g)$ ohne Einschränkung durch

(85) $$f(g) = \det a(g)^k \rho(k)^{-1} \iota(F(m))$$

ersetzen. Hierbei ist nach (38)

$$F(m) = J_{\rho'}(m)^{-1} f_0(m(\mathrm{i}E^{(j,j)}))$$

und f_0 ist holomorph auf H_j.
Es gilt

$$\iota(V_{\rho'}) = V_\rho^N \quad , \tag{86}$$

wobei V_ρ^N der Vektorraum der bezüglich (1) invarianten Vektoren in V_ρ ist. Die Darstellung von $Gl_j(\mathbb{C}) \times Gl_r(\mathbb{C})$ auf V_ρ^N ist zum äußeren Tensorprodukt $\rho' \otimes \det^k$ isomorph. Daher ist (85) gleich

$$J_\rho(k)^{-1} J_\rho(a)^{-1} J_\rho(m)^{-1} (f_0(m(\mathrm{i}E^{(j,j)})))$$

und wegen (86) gleich

$$J_\rho(g)^{-1} \iota(f_0(m(\mathrm{i}E^{(j,j)}))) \ , \ g = amnk \quad . \tag{87}$$

Wegen (22) genügt es daher, daß

$$pr : g \mapsto m(\mathrm{i}E^{(j,j)}) \ , \ g = amnk \tag{88}$$

eine holomorphe Funktion auf $G/K = H_n$ mit Werten in H_j ist. Die Teilmatrix Z_1 von

$$Z = g(\mathrm{i}E^{(n,n)}) = \begin{pmatrix} Z_1 & Z_2' \\ Z_2 & Z_3 \end{pmatrix} \ , \ Z_1 \in H_j$$

bleibt unverändert, wenn man g von rechts um Elemente aus K und von links um Elemente aus N_r und A_r abändert. Daher ist

$$m(\mathrm{i}E^{(n,n)}) = \begin{pmatrix} Z_1 & * \\ * & * \end{pmatrix} \ , \ m \in (M_r)^0 \subseteq Sp_{2n} \quad .$$

Andererseits ist $(M_r)^0 \xrightarrow{\sim} Sp_{2j}$ und $m \in (M_r)^0$ definiert einen Punkt $m(\mathrm{i}E^{(j,j)})$ in H_j. Dieser Punkt ist Z_1. In den Koordinaten der oberen Halbebene ist daher pr gegeben durch

$$\begin{aligned} pr : \mathbf{H}_n &\longrightarrow \mathbf{H}_j \\ \begin{pmatrix} Z_1 & Z_2' \\ Z_2 & Z_3 \end{pmatrix} &\longmapsto Z_1 \quad . \end{aligned} \tag{89}$$

Insbesondere ist die Abbildung holomorph.□

Ist N das unipotente Radikal von $P = B_r$, dann ist

(90) $$\varphi_P(g) = \int_{\Gamma\cap N\backslash N} \varphi(ng)dn$$

für jede stetige Funktion $\varphi(g)$ auf $\Gamma\backslash G$ definiert.

Bemerkung: Ist ρ eine Liftung von ρ' vom Gewicht k und $f \in [\Gamma_n, \rho]$, dann definieren f und $\Phi^r f$ mit Hilfe von (38) automorphe Formen $\varphi(g) \in \mathcal{A}[\Gamma_n, \chi_\rho, \rho]$ und $\tilde{\varphi}(m) \in \mathcal{A}[\Gamma_j, \chi_{\rho'}, \rho']$. Für die so definierte automorphe Form $\varphi(g)$ folgt aus den Überlegungen beim Beweis von Lemma 11c)

(91) $$\varphi_P(g) = \det a(g)^k \cdot [\rho(k)^{-1} \iota\tilde{\varphi}(m)]$$

für $g = amnk$ und $m \in (M_r)^0$. Hierbei ist $\iota \in \mathrm{Hom}_{K\cap M_r}(V_{\rho'}, V_\rho)$ bis auf eine Konstante, welche von der Normierung des Haarmaßes dn abhängt, durch (86) bestimmt.

Zum Beweis von (91) entwickelt man die Modulform $f(Z)$ auf H_n in eine Fourierreihe und wendet die Integration (90) gliedweise an.

Nach diesen Vorbemerkungen über parabolische Untergruppen und holomorph zulässige Räume werden die Klingenschen Eisensteinreihen definiert. Es handelt sich hierbei um die in der Einleitung erwähnten Eisensteinreihen $G(Z, s)$. Wir beschränken uns hier allerdings darauf, diese Eisensteinreihen als automorphe Formen auf der symplektischen Gruppe darzustellen.
Um das analytische Verhalten dieser Funktion in der Variablen s zu studieren, ist es zweckmäßig, diese Funktionen als Residuen von Eisensteinreihen zu schreiben, welche zu Spitzenformen der parabolischen Gruppen B_r von G gebildet sind.

Bezeichnungen:

ρ'	irreduzible Darstellung von $Gl_j(\mathbb{C})$
ρ	irreduzible Darstellung von $Gl_n(\mathbb{C})$ (Liftung von ρ')
k	(skalares) Gewicht von ρ
r, Δ	$r = n - j \; : \; \Delta = k - j - 1$
f	Spitzenform in $[\Gamma_j, \rho']_0$
$\tilde{\varphi}_f$	Die nach (38) zu f gebildete automorphe Form in $\mathcal{A}_0[\Gamma_j, \chi_{\rho'}, \rho']$
G	Die symplektische Gruppe $Sp_{2n}(\mathbb{R})$
φ_f	Funktion auf G mit Werten in V_ρ definiert durch $\varphi_f(g) = \rho(k)^{-1}\iota\tilde{\varphi}_f(m)$ für $g = amnk, m \in (M_r)^0$ (Die Einbettung ι gewählt wie in (91))
$L(\varphi_f)$	$L \in \mathrm{Hom}(V_\rho, \mathbb{C})$ Komponenten von φ_f in $\mathcal{E}_{\mathrm{hol}}(\rho', \rho)$
$a(g)$	$a = a(g) \in A_r$, Zerlegungskomponente von $g = amnk \in G$
$\mathbf{a}_r^*$	$(\mathbf{a}_r^* \xrightarrow{\sim} \mathbb{R}^r)$ Dual der Liealgebra der Splitkomponente von B_r
$\hat{w}, \check{w}$	Elemente in $W(\mathbf{a}_r, \mathbf{a}_r)$ definiert durch $\hat{w}(e_i) = e_{r+1-i}, \check{w}(e_i) = -e_i$ für $1 \le i \le r$
$\Lambda^0, \hat{\Lambda}, \check{\Lambda}$	Punkte in $\mathbf{a}_r^*$ definiert durch $\Lambda^0 = \sum_{i=1}^r (k - j - i)e_i, \hat{\Lambda} = \hat{w}\Lambda^0; \check{\Lambda} = \check{w}\Lambda^0$

Für $\phi \in \mathcal{E}_{\mathrm{hol}}(\rho', \rho)$ und $\Lambda \in \mathbf{a}_{r,\mathbb{C}}^*$ sind die Eisensteinreihen

$$E(g, \phi, \Lambda) = \sum_{\gamma \in B_r(\mathbb{Z}) \backslash \Gamma_n} a(\gamma g)^{\delta_{B_r} + \Lambda} \phi(\gamma g) \tag{92}$$

Eigenformen von Z_G zum Charakter χ_Λ. Für alle $w \in W(\mathbf{a}_r, \mathbf{a}_r)$ gilt $\chi_{w\lambda} = \chi_\Lambda$.

Ist $\Lambda = \Lambda^0$, dann ist $a^{\delta_{B_r} + \Lambda} = \det(a)^k$. Da E_- linksinvariant ist, annuliert E_- alle Summanden der Eisensteinreihe für $\Lambda = \Lambda^0$ wegen Lemma 11.

Ist $\mathbf{t}_c = \sum_i \mathbb{C}\, s_{ii}, \mathbf{v}_c = \sum_{\nu<\mu} \mathbb{C}\,(s_{\nu\mu} + \mathrm{i}a_{\nu\mu})$ und $\mathbf{v} = \mathbf{v}_c + \mathbf{p}_-$, dann besitzt jedes $z \in Z_G$ eine Zerlegung

$$z = z^0 + z^1 \quad , z^0 \in \mathcal{U}(t)_c \quad , \quad z^1 \in \mathcal{U}(\mathcal{G})v \quad .$$

Es folgt

$$\chi_{\Lambda^0} = \chi_\rho \quad . \tag{93}$$

Die Eisensteinreihe $E(g, \phi, \Lambda)$ ist daher für die Werte $\Lambda = \Lambda^0, \hat{\Lambda}$ und $\check{\Lambda}$ eine automorphe Form in $\mathcal{A}(\Gamma_n, \chi_\rho, \rho)$, falls sie definiert ist.

Sei $(\mathbf{a}_r^*)^+$ der Kegel aller $\Lambda \in \mathbf{a}_r^*$ mit $(\alpha, \Lambda) > 0$ für alle $\alpha \in \Sigma_0(B_r, A_r)$. Bezüglich der Identifikation $\mathbf{a}_r^* \xrightarrow{\sim} I\!R^r$ ist dies der Kegel $(I\!R^r)^+$. Der duale Kegel bezüglich der "Killingform" sei $^+(\mathbf{a}_R^*)$. Dann gilt

$$\text{(94)} \qquad \begin{aligned} k &> \frac{n+j+1}{2} \Longrightarrow \hat{\Lambda} \in {}^+(\mathbf{a}_r^*) \\ k &< \frac{n+j+1}{2} \Longrightarrow \check{\Lambda} \in {}^+(\mathbf{a}_r^*) \quad . \end{aligned}$$

In diesen Fällen gilt für die Koordinaten der Punkte $\Lambda = \hat{\Lambda}$(bzw.$\Lambda = \check{\Lambda}$)

$$\Lambda_1 > -\frac{r-1}{2} \quad , \quad \Lambda_{i+1} - \Lambda_i = 1 \quad (1 \le i < r) \quad .$$

Folgerung: *Gilt $k > \frac{n+j+1}{2}$ (resp. $k \le \frac{n+j+1}{2}$), dann erfüllt der Punkt $\Lambda = \hat{\Lambda}$(resp. $\Lambda = \check{\Lambda}$) Eigenschaft (49).*

Bezeichnungen: Im folgenden wird das Residuum

$$\operatorname*{Res}_{\Lambda_r - \Lambda_{r-1} = 1} \dots \operatorname*{Res}_{\Lambda_2 - \Lambda_1 = 1} =: \operatorname{Res} f(\Lambda)$$

oft abkürzend mit $\operatorname{Res} f(\Lambda)$ bezeichnet. Ist Ψ ein Punkt in $\mathbb{C}^r$ mit $\Psi_{i+1} - \Psi_i = 1 (1 \le i < r)$, dann sei außerdem

$$\operatorname{Res}_{[\Psi]} f(\Lambda) =: \operatorname*{Res}_{\Lambda_r = \Psi_r} (\operatorname{Res}(f(\Lambda)) \quad .$$

Als Spezialfall von (60) erhält man

$$\text{(95)} \qquad \begin{aligned} E(g, \phi, \Lambda) &= \sum_{\gamma \in B_r(\mathbb{Z}) \backslash \Gamma_n} \prod_{i=1}^{r} a_i(\gamma g)^{\Lambda_i + i + j} \phi(\gamma g) \\ &= \sum_{\gamma \in P_r(\mathbb{Z}) \backslash \Gamma_n} \det a(\gamma g)^j \phi(\gamma g) \varsigma(\overline{\gamma g}, \Lambda) \quad . \end{aligned}$$

Es bezeichne dabei $\overline{g} = {}^\bullet a^\bullet m$ (bezüglich der Zerlegung $g = {}^\bullet a^\bullet m^\bullet nk$ gebildet zur parabolischen Gruppe ${}^\bullet P = P_r$). Die Funktion $\varsigma(g, \Lambda)$ ist die sogenannte **Selbergsche Zetafunktion**

$$\text{(96)} \qquad \varsigma(\overline{g}, \Lambda) = \sum_{\overline{\gamma} \in \Delta_r(\mathbb{Z}) \backslash Sl_r(\mathbb{Z})} \prod_{i=1}^{r} a_i(\overline{\gamma g})^{\Lambda_i + i} \quad ; \overline{g} \in Gl_r(I\!R) \quad .$$

Dies ist im wesentlichen die Eisensteinreihe der Gruppe Sl_r gebildet zur konstanten Funktion $\phi = 1$ und der Borelgruppe Δ_r der unteren Dreiecksmatrizen. Bekanntlich gilt für das Residuum der Selbergschen Zetafunktion

$$\text{(97)} \qquad \operatorname{Res} \varsigma(g, \Lambda) = \text{const} \cdot \det(g)^{\Lambda_r + 1} \ , \ g \in Gl_r(\mathbb{R}) \quad .$$

Die findet man in [25] oder [7], Seite 70 mit etwas anderen Bezeichnungen. Die nicht verschwindende Konstante hängt von r ab und wird mit $c(r)$ bezeichnet.

Es folgt

$$\text{(98)} \qquad \operatorname{Res} E(g, \phi, \Lambda) = c(r) \sum_{\gamma \in P_r(\mathbb{Z}) \backslash \Gamma_n} \det a(\gamma g)^{\Lambda_r + j + 1} \phi(\gamma g) \quad .$$

Die rechte Seite ist die **Klingensche Eisensteinreihe.**

$$\text{(99)} \qquad K(g, \phi, s_\Lambda) = \sum_{\gamma \in P_r(\mathbb{Z}) \backslash \Gamma_n} \det a(\gamma g)^{\delta_{P_r} + s_\Lambda} \phi(\gamma g) \ , \ \phi \in \mathcal{E}_{\text{hol}}(\rho', \rho) \quad .$$

Es gilt

$$\text{(100)} \qquad \delta_{P_r} = \frac{n + j + 1}{2} \ , \ s_\Lambda = \Lambda_r - \frac{r - 1}{2} \quad .$$

Insbesondere gilt daher $s_{\hat{\Lambda}} = -s_{\check{\Lambda}} = k - \delta_{P_r}$ für die Punkte

$$\text{(101)} \qquad \begin{aligned} \hat{\Lambda} &= (k - n, \ldots, k - j - 1) \ , \\ \check{\Lambda} &= (j + 1 - k, , \ldots, n - k) \ . \end{aligned}$$

Definition: Wir setzen für $f \in [\Gamma_j, \rho']_0$

$$\text{(102)} \qquad F(f, n, k) = \begin{cases} \lim\limits_{s \to s_{\hat{\Lambda}}} K(g, \varphi_f, s) & , \quad k \geq \frac{n+j+1}{2} \\ \operatorname*{Res}\limits_{s \to s_{\check{\Lambda}}} K(g, \varphi_f, s) & , \quad k < \frac{n+j+1}{2} \end{cases} \quad .$$

Wir nennen $F(f, n, k)$ den **Eisensteinlift** der Modulform f von Γ_j nach Γ_n zum Liftungsgewicht k. Es wird sich zeigen, daß die so gebildete automorphe Form $F(f, n, k)$

in $\mathcal{A}[\Gamma_n, \chi_\rho, \rho]$ wohldefiniert ist. Es sei hier noch einmal darauf hingewiesen, daß es sich bei $F(f, n, k)$ im wesentlichen (bis auf eine Konstante) um die in der Übersicht definierte Eisensteinreihe $G(Z, s)$

$$G(Z,s) = \sum f(\pi(M(Z))) \det(CZ+D)^{-k} \left[\frac{\det \operatorname{Im}(\pi(M(Z)))}{\det \operatorname{Im}(M(Z))}\right]^{-s}$$

an der Stelle $s = 0$ im Fall $k \geq \frac{n+j+1}{2}$ beziehungsweise um deren Residuum an der Stelle $s = \frac{n+j+1}{2} - k$ im Falle $k < \frac{n+k+1}{2}$ handelt.

8 ABLEITUNGEN DER KLINGENSCHEN EISENSTEINREIHEN

In diesem Abschnitt wird die Wirkung von Differentialoperatoren auf den Klingenschen Eisensteinreihen studiert.

Annahme: $Q(s)$ sei meromorph. Für alle $\phi \in \mathcal{E}(\rho', \rho)$ sei $\tilde{K}(g,\phi,s) = Q(s)K(g,\phi,s)$ holomorph in einer Umgebung des Punktes $s = s_0$.

Folgerung: Ist $X \in \mathcal{U}(\mathcal{G})$, dann sind die Ableitungen $(X \circ \tilde{K})(g,\phi,s)$ holomorphe Funktionen der Variablen s in einer Umgebung des Punktes s_0.

Beweis: Nach (98) ist $K(g,\phi,s)$ ein Residuum der Eisensteinreihe $E(g,\phi,\Lambda)$. Der nullte Fourierkoeffizient (91) von $K(g,\phi,s)$ entlang $P = B_r$ ist nach Fubini das Residuum des entsprechenden nullten Fourierkoeffizienten (57) von $E(g,\phi,\Lambda)$.

Sei $C_\epsilon = \{s \in \mathbb{C} : |s - s_0| = \epsilon\}$. Für genügend kleines ϵ ist

$$\sigma_\epsilon = (s - \frac{r-1}{2}, s - \frac{r-1}{2} + 1, \ldots, s + \frac{r-1}{2}) \in \mathbf{a}^*_{r,\mathbb{C}}, s \in C_\epsilon$$

nicht singulär, d.h. der $W(\mathbf{a}_r, \mathbf{a}_r)$ Orbit dieses Punktes hat maximale Länge. Der nullte Fourierkoeffizient von $\tilde{K}(g,\phi,s)$ entlang $P = B_r$ ist daher die Summe

(103) $$\sum_{\substack{\text{verschiedene} \\ w\sigma s \\ w \in W(\mathbf{a}_r, \mathbf{a}_r)}} a(g)^{\delta + w\sigma s} \phi_w(s) , \ \phi_w(s) \in \mathcal{E}(\rho', \rho) \quad .$$

Aus der linearen Unabhängigkeit der Exponentialfunktion $a(g)^{\delta + w\sigma s}$ für $s \in C_\epsilon$ und der Holomorphie von $\tilde{K}(g,\phi,s)$ im Punkt s_0 folgt die Holomorphie aller $\phi_w(s)$ für $s \in C_\epsilon$. Aus [21], Lemma 5.2 folgt die Beschränktheit von $\tilde{K}(g,\Phi,s)$ auf $C \times C_\epsilon$ für jedes Kompaktum C von G. Zusammen mit

(104) $$\tilde{K}(g,\phi,s) = \frac{1}{2\pi i} \int_{C_\epsilon} \frac{\tilde{K}(g,\phi,z)}{z - s} dz , \ |s - s_0| < \epsilon$$

rechtfertigt dies die nun folgenden Holomorphieschlüsse.

Sei $f \in C_c^\infty(G)$ mit kompaktem Träger und $f(kgk^{-1}) = f(g)$ für $k \in K$, dann gilt

(105) $$K(g,\phi,s) = f * K(g, \pi(f,s)^{-1}\phi, s) \qquad \text{(Faltungsprodukt)}$$

und $\pi(f, s_0) = id$ bei geeigneter Wahl von f. Siehe [21], Seite 101. Die Funktion $\pi(f,s)$ ist ein holomorpher Operator auf $\mathcal{E}(\rho', \rho)$. Man zeigt (104) im Konvergenzbereich und schließt dann durch analytische Fortsetzung. Wegen obiger Bemerkung ist die rechte Seite von (105) holomorph bei s_0.

Durch Abwälzen der Ableitung auf die Faltungsfunktion f erhält man

$$(X \circ \tilde{K})(g, \phi, s) = (Xf) * \tilde{K}(g, \pi(f, s)^{-1}\phi, s) \quad .$$

Die rechte Seite ist analytisch in einer Umgebung von s_0 wegen obiger Bemerkung und (104). Daraus folgt die Behauptung. $\square$

Im Konvergenzbereich der Klingenschen Eisensteinreihe kann die Wirkung eines Differentialoperators $X \in \mathcal{U}(\mathcal{G})$ summandenweise berechnet werden.

$$X \circ K(g, \phi, s) = \sum_{\gamma \in P_r(\mathbb{Z}) \backslash \Gamma_n} X \circ (\det a(\gamma g)^{\delta + s} \phi(\gamma g)) \ , \ \delta = \delta_{P_r}$$

mit

$$X \circ (\det a(g)^{\delta+s} \phi(g)) = \det a(g)^{\delta+s} (\pi(X, s)\phi)(g) \quad .$$

Bezeichnet $\mathcal{E}[\rho', \rho]$ den Raum aller Funktionen f mit Werten in V_ρ, welche bezüglich (19) die Funktionen in $\mathcal{E}(\rho', \rho)$ liefern, dann gilt

$$(106) \qquad \pi(E_{\hat{\rho}}, s) : \mathcal{E}[\rho', \rho] \longrightarrow \bigoplus_\mu \mathcal{E}[\rho', \rho_\mu] \ , \quad \rho \otimes \hat{\rho} \xrightarrow{\ \sim\ } \bigoplus_\mu \rho_\mu \quad .$$

Im folgenden wird nur der Fall $\hat{\rho} \xrightarrow{\ \sim\ } \pi^*$ betrachtet, wo entweder $\pi = \rho^{[1]}$ oder $\pi = \rho^{[r]}$ ist. In beiden Fällen ist $\pi \sim (\pi_1, \ldots, \pi_n)$ und $\pi_1 = 2$.

Bemerkung: *Ist ρ eine Liftung von ρ' vom Gewicht $k \geq \frac{n+j+3}{2}$, dann gilt*

$$(107) \qquad \begin{array}{ccccc} \pi(E_-^{[r]}, s) & : & \mathcal{E}[\rho', \rho] & \dashrightarrow & \mathcal{E}[\rho', \tilde{\rho}] \\ & & \uparrow \wr & /\!/\!/ & \uparrow \wr \\ \chi(s) & : & [\Gamma_j, \rho']_0 & \dashrightarrow & [\Gamma_j, \rho']_0 \end{array} \quad .$$

Hierbei ist $\tilde{\rho}$ die Liftung von ρ' vom Gewicht $k-2$. Die untere Abbildung ist Multiplikation mit

$$\chi(s) = \prod_{i=1}^{r} (\delta_{P_r} + s - k + 1 - i) \quad .$$

Beweis: Aus Lemma 11a) und 11c) folgt

$$(108) \qquad \pi(E_-^{[r]}, s)\phi = \phi \otimes (\det a^{-\delta-s+k} E_-^{[r]} \det a^{\delta+s-k}) \ , \ \phi \in \mathcal{E}[\rho', \rho] \quad .$$

Diese Funktion hat Werte in $V_\rho \otimes V_{\pi^*}, \pi = \rho^{[r]}$. Durch Verjüngen mit dem Niedrigstgewichtvektor w_r von $V_{\rho^{[r]}}$ erhält man wegen (31) auf der rechten Seite

$$(109) \qquad (\delta + s - k)(\delta + s - k - 1)\dots(\delta + s - k - r + 1)\phi(g) \ , \ g \in B_n^+ \quad .$$

Aus der Annahme über das Gewicht k folgt $k - j \geq \pi_1$ für $\pi = \rho^{[r]}$. Aus Lemma 11b) folgt, daß alle Summanden ρ_μ in (106) ohne Einschränkung von der Form

$$(110) \qquad \rho_\mu \sim (\lambda_1, \dots, \lambda_j, *, \dots, *)$$

angenommen werden können.

Jedes Höchstgewicht des Tensorproduktes $\rho \otimes \hat{\rho}$ ist bekanntlich von der Gestalt

$$(\lambda_1, \dots, \lambda_n) + (\xi_1, \dots, \xi_n)$$

für ein Gewichtstupel $(\xi_1, \dots, \xi_n)$ von $(V_{\hat{\rho}}, \hat{\rho})$ im Sinne von (80). Diese Gewichtstupel lassen sich im Fall $\hat{\rho} = \rho^{[r]^*}$ mit Hilfe der "Basis der Minoren" sofort bestimmen. Zusammen mit (110) folgt dann

$$(111) \qquad \rho_\mu \sim (\lambda_1, \dots, \lambda_j, \lambda_{j+1} - 2, \dots, \lambda_n - 2) \quad .$$

Das Bild von $\pi(E_-^{[r]}, s)$ liegt daher in $\mathcal{E}[\rho', \tilde{\rho}]$ und $\pi(E_-^{[r]}, s)$ ist durch (109) vollständig bestimmt. Wegen Lemma 11a) sind $\mathcal{E}[\rho', \rho]$ und $\mathcal{E}(\rho', \tilde{\rho}]$ zu $[\Gamma_j, \rho']_0$ isomorph. Dieser Isomorphismus ergibt sich analog zur Zuordnung (79). Bei geeigneter Wahl der Einbettung ι folgt die Behauptung. □

Zum Abschluß betrachten wir die Wirkung von E_- auf den Klingenschen Eisensteinreihen. Es gilt für $\phi \in \mathcal{E}_{\text{hol}}(\rho', \rho)$

$$(112) \qquad E_- K(g, \phi, s) = (\delta + s - k) L(g, \phi, s) \ , \ \delta = \frac{n + j + 1}{2} \quad .$$

Hierbei ist

$$L(g, \phi, s) = \sum_{\gamma \in P_r(\mathbb{Z}) \backslash \Gamma_n} \det a^{\delta+s} \tilde{\phi}(\gamma g) \quad , \quad \delta = \delta_{P_r} \tag{113}$$

mit

$$\tilde{\phi}(g) = \phi(g) \otimes k' \begin{pmatrix} 0 & 0 \\ 0 & E \end{pmatrix} k \, , \, E = E^{(r,r)} \tag{114}$$

für $g = bk$ und $b \in B_n^+$ und $k \in K$.

Dies folgt aus Lemma 5 und Lemma 11. Für $\phi \in \mathcal{E}_{\text{hol}}(\rho', \rho)$ gilt nämlich

$$\pi(E_-, s)\phi = \phi \otimes \det a^{-\delta-s+k} E_- \det a^{\delta+s-k} = (\delta + s - k)\tilde{\phi} \quad .$$

Betrachtet man die Eisensteinreihe

$$E(g, \tilde{\phi}, \Lambda) = \sum_{\gamma \in B_r(\mathbb{Z}) \backslash \Gamma_n} a(\gamma g)^{\delta+\Lambda} \tilde{\phi}(\gamma g) \, , \, \delta = \delta_{B_r} \quad , \tag{115}$$

dann ist bezüglich der Zerlegung (60) die innere Eisensteinreihe wegen

$$k' \begin{pmatrix} 0 & 0 \\ 0 & E \end{pmatrix} k = \begin{pmatrix} 0 & 0 \\ 0 & E \end{pmatrix} \, , \, k \in K \cap P_r$$

die Selbergsche Zetafunktion. Analog zu (98) folgt daher

$$\operatorname{Res} E(g, \tilde{\phi}, \Lambda) = c(r) L(g, \phi, s_\Lambda) \tag{116}$$

mit

$$s_\Lambda = \Lambda_r - \frac{r-1}{2} \quad .$$

9 POLSTELLEN DER EISENSTEINREIHEN

In diesem Abschnitt werden Polstellen der Eisensteinreihen $K(g, \Phi, s)$ und $E(g, \Phi, \Lambda)$ diskutiert.

Es ist wohlbekannt ([21],Seite 117), daß jeder Pol der Eisensteinreihe $E(g, \Phi, \Lambda)$ auch ein Pol eines der Summanden der nullten Fourierkoeffizienten (57) der Eisensteinreihe ist. Da in unserem Fall alle parabolischen Gruppen $P' \in \{B_r\}$ konjugiert zu $P = B_r$ bezüglich der Modulgruppe Γ_N sind, kann man sich sogar auf den nullten Fourierkoeffizienten beschränken, welcher bezüglich $P' = B_r$ gebildet ist.

Wie später gezeigt wird, bilden die Operatoren $M(w, \Lambda)$ die einzelnen Summanden der Zerlegung (78) von $\mathcal{E}(\rho', \rho)$ auf sich ab, insbesondere daher den Teilraum $\mathcal{E}_{hol}(\rho', \rho)$. Dies folgt aus einer Integralformel für den Operator $M(w, \Lambda)$. Siehe Abschnitt 12.

Behauptung: Ist ρ eine Liftung von ρ', dann gilt für alle $\phi \in \mathcal{E}_{hol}(\rho', \rho)$

$$(117) \qquad M(w, \Lambda)\phi = \prod_{\substack{\alpha > 0 \\ w\alpha < 0}} M_\alpha(\Lambda)\phi \ , \ w \in W(\mathbf{a}_r, \mathbf{a}_r) \quad .$$

Die Operatoren $M_\alpha(\Lambda)$ kommutieren und α durchläuft die positiven reduzierten Wurzeln von $\Sigma(B_r, A_r)$. Ist $\varsigma(s)$ die Riemannsche Zetafunktion, $\xi(s) = \pi^{-\frac{s}{2}}\Gamma(\frac{s}{2})\varsigma(s)$ und $\breve{\alpha} = \frac{2\alpha}{(\alpha,\alpha)}$, dann gilt

$$(118) \qquad M_\alpha(\Lambda) = \frac{\xi((\breve{\alpha}, \Lambda))}{\xi(1 + (\breve{\alpha}, \Lambda))} \ , \ \text{falls} \ (\alpha, \Lambda) = \Lambda_\nu \pm \Lambda_\mu \ (\nu \neq \mu)$$

ist. Ist $(\alpha, \Lambda) = \Lambda_\nu$ oder $2\Lambda_\nu$, dann gilt

$$(119) \qquad M_\alpha(\Lambda) = M(\Lambda_\nu)$$

mit einem Operator $M(s) = M(\rho, s), s \in \mathbb{C}$, welcher später berechnet wird. Siehe Kapitel 12. Die einzige **reelle** Polstelle von $\frac{\xi(s)}{\xi(1+s)}$ liegt bei $s = 1$. Es folgt

Lemma 12: *Jede Polhyperebene von $E(g, \phi_f, \Lambda)$ für $f \in [\Gamma_j, \rho']_0$, welche die reelle Liealgebra $\mathbf{a}_r^*$ trifft, ist von der Gestalt $H = \{\Lambda : \Lambda_\nu + \Lambda_\mu = 1\}$ oder $H = \{\Lambda : \Lambda_\nu - \Lambda_\mu = 1\}$ für $\nu > \mu$ oder $H = \{\Lambda : \Lambda_\nu = c\}$ für $c \in I\!R$.*

Beweis der Behauptung: Setzt man $M(s) = \frac{\xi(s)}{\xi(1+s)}$ in (119), dann definieren (117), (118) und (119) Funktionen $M^0(w, \Lambda)$ für alle $w \in W(\mathbf{a}_r, \mathbf{a}_r)$.

Identifiziert man $W(\mathbf{a}_r, \mathbf{a}_r)$ mit der Weylgruppe der symplektischen Gruppe Sp_{2r}, dann sind die Funktionen $M^0(w, \Lambda)$ gerade die Operatoren des nullten Fourierkoeffizienten der Eisensteinreihe der Gruppe Sp_{2r} gebildet zur Funktion $\phi = 1$ und der Borelgruppe B_r von Sp_{2r}. Siehe [21], Seite 285.

Ist p eine Permutation der Basisvektoren $e_1, \ldots, e_r$, dann stimmt wegen (62) sowohl $M(w, \Lambda)$ als auch $M^0(w, \Lambda)$ mit dem entsprechenden M-Operator der Selbergschen Zetafunktion überein. Die Operatoren

$$N(w, \Lambda) = \frac{M(w, \Lambda)}{M^0(w, \Lambda)}$$

erfüllen daher die Funktionalgleichungen und sind die Identität für Permutationen.

Jedes Element $w \in W(\mathbf{a}_r, \mathbf{a}_r)$ besitzt eine Zerlegung $w = p \cdot s$, wobei p eine Permutation und s eine Spiegelung

$$s = \prod_{\mu=1}^{r} s_\mu^{\epsilon_\mu} \ , \ s_\mu(e_\nu) = (1 - 2\delta_{\nu\mu})e_\nu \text{ und } \epsilon_\mu = 0, 1$$

ist. Es gilt

(120) $$M(w, \Lambda) = M^0(w, \Lambda) N(s, \Lambda)$$

wegen

$$N(w, \Lambda) = N(p, s\Lambda) N(s, \Lambda) = N(s, \Lambda) \quad .$$

Für jede Wurzel α in $\{e_1, \ldots, e_r\}$ für $r < n$ beziehungsweise in $\{2e_1, \ldots, 2e_r\}$ für $r = n$ gilt

(121) $$w\alpha < 0 \iff s\alpha < 0 \quad , \quad (w = ps) \ .$$

Die Operatoren $M(s_1, \Lambda), M^0(s_1, \Lambda)$ und $N(s_1, \Lambda)$ hängen wegen (62) nur von der ersten Koordinate Λ_1 von Λ ab. Dies definiert

$$M(\tau) =: N(s_1, (\tau, *, \ldots, *))$$

und analog $M^0(\tau)$ und $N(\tau)$.

Ist $p_{\mu 1}$ die Transposition der Koordinaten 1 und μ, dann gilt $s_\mu = p_{\mu 1} s_1 p_{\mu 1}$ und daher

$$N(s_\mu, \Lambda) = N(p_{\mu 1}, s_1 p_{\mu 1}\Lambda) N(s_1, p_{\mu 1}\Lambda) N(p_{\mu 1}, \Lambda) = N(\Lambda_\mu) \quad .$$

Die Funktionen $N(s_\mu, \Lambda)$ hängen daher nur von den Koordinaten Λ_μ ab. Da die Spiegelungen $s_\mu (1 \leq \mu \leq r)$ kommutieren, folgt aus der Funktionalgleichung, daß alle Operatoren $N(s_\mu, \Lambda)$ und damit alle $M(w, \Lambda)$ kommutieren.
Aus der Funktionalgleichung folgt

$$N(\prod_{\mu=i}^{r} s_\mu^{\epsilon_\mu}, \Lambda) = N(s_\mu^{\epsilon_\mu}, \prod_{\mu>i}^{r} s_\mu^{\epsilon_\mu}\Lambda) N(\prod_{\mu>i}^{r} s_\mu^{\epsilon_\mu}, \Lambda)$$

$$= N(\Lambda_\mu)^{\epsilon_\mu} N(\prod_{\mu>i}^{r} s_\mu^{\epsilon_\mu}, \Lambda) \quad .$$

Folglich ist

$$N(s, \Lambda) = \prod_{s\alpha<0} N((\alpha, \Lambda)) \quad .$$

Das Produkt erstreckt sich über alle Wurzeln α in $\{e_1, \ldots, e_n\}$ bzw. $\{2e_1, \ldots, 2e_n\}$. Aus (120) und (121) folgt daher die Behauptung. □

Bemerkung: Aus (117) folgt, daß die Funktionen

(122) $$\operatorname*{Res}_{\Lambda_i - \Lambda_{i-1}=1} \ldots \operatorname*{Res}_{\Lambda_2 - \Lambda_1 = 1} M(w, \Lambda) \ , \ w \in W(\mathbf{a}_r, \mathbf{a}_r)$$

nur einfache Pole bei $\Lambda_{i+1} - \Lambda_i = 1$ besitzen. Dies gilt auch für die Residuen

(123) $$\operatorname*{Res}_{\Lambda_i - \Lambda_{i-1}=1} \ldots \operatorname*{Res}_{\Lambda_2 - \Lambda_1 = 1} E(g, \phi, \Lambda) \ , \ \phi \in \mathcal{E}_{\mathrm{hol}}(\rho', \rho)$$

der Eisensteinreihen selbst. Siehe [21], Seite 117.

Weiterhin ist $\operatorname{Res} M(w, \Lambda) = 0$, außer wenn $w\alpha_i < 0$ für alle einfachen Wurzeln $\alpha_i (2 \leq i \leq r)$ gilt. Die Menge aller $w \in W(\mathbf{a}_r, \mathbf{a}_r)$ mit dieser Eigenschaft wird mit $\tilde{W}(\mathbf{a}_r, \mathbf{a}_r)$ bezeichnet. Es folgt

(124) $$K(g, \phi, s_\Lambda)_P = \frac{1}{c(r)} \sum_{w \in \tilde{W}(\mathbf{a}_r, \mathbf{a}_r)} a(g)^{\delta_{B_r} + w\Lambda} (\operatorname{Res} M(w, \Lambda)\phi)(g) \ .$$

Wir bezeichnen mit $s^{(\mu)} (1 \leq \mu \leq r+1)$ die Spiegelungen

(125) $$s^{(\mu)} = \prod_{i=\mu}^{r} s_i \ , \ (\mu \leq r)$$

beziehungsweise setzen $s^{(r+1)} = 1$.

Ist $p \in S_r$ eine Permutation, dann operiert p auf $\mathfrak{a}^*_{r,\mathbb{C}}$ vermöge $p(e_i) =: e_{p(i)} (1 \leq i \leq r)$. Es sei $p(0) = 0$ und $p(r+1) = r+1$.

Lemma 13: *Die Elemente $w \in \tilde{W}(\mathfrak{a}_r, \mathfrak{a}_r)$ sind gegeben durch $w = ps^{(\mu)} (1 \leq \mu \leq r+1)$, wobei p eine Permutation der Basisvektoren ist, für welche*

$$p(1) > p(2) > \ldots > p(\mu - 1) \text{ und } p(\mu) < p(\mu + 1) < \ldots < p(r)$$

gilt.

Beweis: Wir schreiben w in der Form $w = ps$. Ist $s = \prod_{i=1}^{r} s_i^{\epsilon_i}$, dann gilt für $w \in \tilde{W}(\mathfrak{a}_r, \mathfrak{a}_r)$

$$\epsilon_j \neq 0 \Rightarrow \epsilon_\nu \neq 0 \, , \, (\nu \geq j) \quad .$$

Andernfalls wäre $w(e_{\nu+1} - e_\nu) = p(e_{\nu+1} + e_\nu) = e_{\nu_1} + e_{\nu_2} > 0$. Daher ist $s = s^{(\mu)}$ für ein $\mu, 1 \leq \mu \leq r+1$. Die Bedingungen für die Permutation p sind ebenso offensichtlich. □

Bemerkung: Die einzige Permutation in $\tilde{W}(\mathfrak{a}_r, \mathfrak{a}_r)$ ist $\hat{w}$.

Im Rest dieses Abschnittes wird der folgende Satz gezeigt

Satz 8: *Ist $k > \frac{n+j+1}{2}$ und $f \in [\Gamma_j, \rho']_0$, dann ist die Klingensche Eisensteinreihe $K(g, \varphi_f, s)$ regulär im Punkt $s_{\hat{\Lambda}} = k - \frac{n+j+1}{2}$. Ist sogar $k > \frac{n+j+3}{2}$, dann ist $K(g, \varphi_f, s_{\hat{\Lambda}})$ eine holomorphe Modulform in $[\Gamma_n, \rho]$ und eine Liftung von f.*

Korollar: *Ist ρ eine Standardliftung (Liftung) von ρ' vom Gewicht $k > \frac{n+j+3}{2}$, dann ist der Siegelsche Φ-Operator $\Phi^r : [\Gamma_n, \rho] \to [\Gamma_j, \rho']$ surjektiv, (bzw. das Bild enthält $[\Gamma_j, \rho']_0$).*

Beweis: Sei

$$K(g, \varphi_f, s) = \sum_{\nu=\nu_0}^{\infty} (s - s_{\hat{\Lambda}})^\nu F_\nu(g) \, , \, F_{\nu_0}(g) \neq 0$$

die Laurententwicklung im Punkt $s_{\hat{\Lambda}}$. Der führende Term $F_{\nu_0}(g)$ ist eine automorphe Form

$$F_{\nu_0}(g) \in \mathcal{A}[\Gamma_n, \chi_\rho, \rho] \quad .$$

Die Differenzierbarkeit und das schwache Wachstumsverhalten folgen aus

$$F_{\nu_0}(g) = \int_{C_\epsilon} (s - s_{\hat{\Lambda}})^{-\nu_0+1} K(g, \phi_f, s) ds$$

wegen [21], Lemma 5.2 und der Bemerkung bei (103). Jede der Funktionen $K(g, \varphi_f, s)$ ist eine Eigenfunktion von Z_G zu einem Charakter χ_s, falls s keine Polstelle ist. Daher ist

$$F_{\nu_0}(g) = \lim_{s \to s_{\hat{\Lambda}}} (s - s_{\hat{\Lambda}})^{-\nu_0} K(g, \varphi_f, s)$$

eine Eigenfunktion zum Charakter $\chi_{\hat{s}} = \chi_\rho$.

Annahme: $L(F_{\nu_0}(g))$ ist quadratintegrierbar auf $\Gamma_n \backslash G$ für alle $L \in \mathrm{Hom}(V_\rho, \mathbb{C})$. Später wird gezeigt, daß dies für $\nu_0 < 0$ immer der Fall ist.

Aus Satz 6 folgt, daß $F_{\nu_0}(g)$ eine holomorphe Modulform ist und aus Lemma 9 folgt $\Phi^r F_{\nu_0}(g) = 0$. Wegen (91) ist daher

$$F_{\nu_0}(g)_P = 0 \, , \; P \in \{B_r\} \tag{126}$$

Ist $P = AMN$ eine beliebige parabolische Untergruppe G, dann ist der nullte Fourierkoeffizient $E(g, \varphi_f, \Lambda)_P$ der bezüglich B_r gebildeten Eisensteinreihe $E(g, \varphi_f, \Lambda)$ orthogonal zu allen automorphen Spitzenformen auf $\Gamma_M \backslash M$, sobald $P \notin \{B_r\}$ ist. [21], Lemma 4.4 . Dies überträgt sich auf das Residuum $K(g, \varphi_f, s)$ von $E(g, \varphi_f, \Lambda)$ und auf das Residuum $F_{\nu_0}(g)$ von $(s - s_{\hat{\Lambda}})^{-\nu_0} K(g, \varphi_f, s)$. Zusammen mit (126) folgt, daß $(F_{\nu_0})_P$ orthogonal zu allen automorphen Spitzenformen auf $\Gamma_M \backslash M$ bezüglich allen parabolischen Untergruppen $P = AMN$ von G ist. Bekanntlich folgt daraus $F_{\nu_0}(g) = 0$.

Sobald man daher die Quadratintegrierbarkeit von $F_{\nu_0}(g)(\nu_0 < 0)$ gezeigt hat, folgt $\nu_0 \geq 0$ und die Regularität von $K(g, \varphi_f, s)$ im Punkt $s_{\hat{\Lambda}}$ ist gezeigt.

Der Beweis der Quadratintegrierbarkeit wird noch für einen Augenblick zurückgestellt. Wir zeigen erst die Holomorphie von $K(g, \varphi_f, s_{\hat{\Lambda}})$ im Fall $k > \frac{n+j+3}{2}$. Es sei $M(g, \varphi_f, s)$ die Klingensche Eisensteinreihe, welche bezüglich der Liftung $\tilde{\rho}$ von ρ' vom Gewicht $k-2$ gebildet ist. Wegen der Regularität von $K(g, \phi_f, s)$ und wegen (107) hat

$$M(g, \varphi_f, s) = \chi(s)^{-1} E_-^{[r]} K(g, \varphi_f, s)$$

höchstens einen einfachen Pol bei $s = s_{\hat{\Lambda}}$, welcher von der Nullstelle von $\chi(s)$ bei $s = s_{\hat{\Lambda}}$ herrührt. Die Laurententwicklung von $M(g, \varphi_f, s)$

$$M(g, \varphi_f, s) = \sum_{\nu=-1}^{\infty} \tilde{F}_\nu(g)(s - s_{\hat{\Lambda}})^\nu$$

beginnt daher ohne Einschränkung bei $\nu = -1$. Wie oben folgt

$$\tilde{F}_{-1} \in \mathcal{A}[\Gamma_n, \chi_\rho, \tilde{\rho}] \quad .$$

Später wird gezeigt, daß $\tilde{F}_{-1}$ quadratintegrierbar auf $\Gamma_n \backslash G$ ist. Wie oben sei vorausgesetzt, daß dies bereits gezeigt sei. Mit den Bezeichnungen von Lemma 8 folgt

$$\begin{aligned} c(\rho^*) - c(\tilde{\rho}^*) &= \sum_{\mu=j+1}^{n} [(\lambda_\mu - \mu)^2 - (\lambda_\mu - 2 - \mu)^2] \\ &= 4 \sum_{\mu=j+1}^{n} (\lambda_\mu - \mu - 1) \\ &= 4r[k - \frac{n+j+3}{2}] \end{aligned}$$

für $\rho \sim (\lambda_1, \ldots, \lambda_n)$ und $\tilde{\rho} \sim (\lambda_1, \ldots, \lambda_j, \lambda_{j+1}-2, \ldots, \lambda_n-2)$. Wegen (40) ist der Eigenwert des Operators $C \in Z_G$ angewandt auf $\tilde{F}_{-1}$ genau $c(\rho^*)$. Daher ist $c(\rho^*) \leq \mathbf{x}(\rho)$. Gleichheit wird genau für $k = \frac{n+j+3}{2}$ angenommen. Aus Lemma 8 folgt

(127) $$\tilde{F}_{-1} = 0 \quad \text{für} \quad k > \frac{n+j+3}{2}$$

und

(128) $$\tilde{F}_{-1} \in [\Gamma_n, \tilde{\rho}] \quad \text{für} \quad k = \frac{n+j+3}{2} \quad .$$

Folgerung: Ist $k > \frac{n+j+3}{2}$, dann gilt $E_-^{[r]} K(g, \varphi_f, s_{\hat{\Lambda}}) = 0$. Es bleibt zu zeigen, daß $E_- K(g, \varphi_f, s_{\hat{\Lambda}}) = 0$ aus $E_-^{[r]} K(g, \varphi_f, s_{\hat{\Lambda}}) = 0$ folgt.

Zum Beweis genügt wieder

(129) $$(E_- K)(g, \varphi_f, s_{\hat{\Lambda}})_P = 0 \, , \; P \in \{B_r\} \quad .$$

Man verwendet dieselbe Argumentation wie oben. Da $E_- K(g, \varphi_f, s)$ das Residuum der Eisensteinreihe (115) ist, folgt, daß $(E_- K)_P$ orthogonal zu allen automorphen Spitzenformen auf $\Gamma_M \backslash M$ für $P \notin \{B_r\}$ ist.

Aus $E_-^{[r]} K(g, \varphi_f, s_{\hat{\Lambda}}) = 0$, Lemma 11c) und (103) folgt entweder

(130) $$\phi_w(s_{\hat{\Lambda}}) = 0$$

oder

$$(131)\qquad E_-^{[r]}a(g)^{-\Lambda^0+w\hat{\Lambda}}=0\ ,\ w\in\tilde{W}(\mathbf{a}_r,\mathbf{a}_r)$$

wegen $\sigma_s=\hat{\Lambda}$ für $s=s_{\hat{\Lambda}}$.
Aus (131) und Lemma 4 oder (31) folgt

$$(w\hat{\Lambda}-\Lambda^0)_i=i-1$$

für ein $i, 1\leq i\leq r$. Andereseits ist $(\Lambda^0)_i+i-1=(\Lambda^0)_1=k-j-1$ und aus $k>\frac{n+j+1}{2}$ folgt für alle Koordinaten von $\hat{\Lambda}$

$$(\Lambda^0)_1>|(\hat{\Lambda}_i)|\quad \text{für}\quad i\neq r$$

Daher ist (131) nicht möglich, wenn w die letzte Koordinate spiegelt

$$w(\Lambda_1,\ldots,\Lambda_r)=(\ldots,-\Lambda_r,\ldots)\ .$$

Wegen $w\in\tilde{W}(\mathbf{a}_r,\mathbf{a}_r)$ und Lemma 13 folgt aus (131) daher $w=\hat{w}$. Der einzige nichttriviale Summand von (103) ist daher

$$a(g)^{\delta_{B_r}+\hat{w}\hat{\Lambda}}\Phi_{\hat{w}}(s_{\hat{\Lambda}})=\det a(g)^k\Phi_{\hat{w}}(s_{\hat{\Lambda}})$$

Dieser wird wegen Lemma 11c) von E_- annuliert.

Damit ist (129) und die Holomorphie von $K(g,\varphi_f,s_{\hat{\Lambda}})$ für $k>\frac{n+j+3}{2}$ gezeigt. Daß $K(g,\varphi_f,s_{\hat{\Lambda}})$ sogar eine Liftung von f ist folgt aus $\operatorname{Res} M(\hat{w},\Lambda)=c(r)$ und (91) sowie (124).

Es bleibt also nur noch die Quadratintegrierbarkeit von F_{ν_0} und $\tilde{F}_{\nu_0}(\nu_0<0)$ zu zeigen. Wir zeigen etwas mehr

Behauptung: *Sei $Q(\Lambda)$ meromorph auf $\mathbf{a}^*_{r,\mathbb{C}}$ und holomorph in einer Umgebung von $\hat{\Lambda}$, dann ist*

$$(132)\qquad \operatorname{Res}_{[\hat{\Lambda}]}Q(\Lambda)E(g,\phi,\Lambda)\quad ,\quad \phi\in\mathcal{E}_{\mathrm{hol}}(\rho',\rho)\ \text{oder}\ \mathcal{E}_{\mathrm{hol}}(\rho',\tilde{\rho})$$

eine quadratintegierbare Funktion auf $\Gamma_n\backslash G$.

Beweis der Behauptung: Wir wenden Satz 7 an.
Die Polhyperebenen der Eisensteinreihen $E(g,\varphi_f,\Lambda)$, welche das reelle Dual $\mathbf{a}^*_r$ treffen,

erfüllen wegen Lemma 12 die Voraussetzungen (41), welche in dem Abschnitt über Hyperebenen angenommen wurden.

Als zulässige Sequenz solcher Hyperebenen mit Endpunkt $\hat{\Lambda}$ erhält man zum Beispiel die Sequenz $\mathcal{H}_{\hat{\Lambda}}$, gegeben durch die Gleichungen

$$\Psi_2 - \Psi_1 = 1, \ldots, \Psi_r - \Psi_{r-1} = 1 \ , \ \Psi_r = \hat{\Lambda}_r \quad .$$

Das Residuum von $Q(\Lambda)E(g, \varphi_f, \Lambda)$ bezüglich $[\mathcal{H}_{\hat{\Lambda}}]$ liefert (132). Ohne Einschränkung kann $Q(\Lambda)$ durch ein Polynom ersetzt werden, ohne das der Wert des Residuums (132) geändert wird. Es wird daher angenommen, $Q(\Lambda)$ sei ein Polynom.

Aus der Annahme $k > \frac{n+j+1}{2}$ folgt wie schon erwähnt $\hat{\Lambda}_r > \frac{r-1}{2}$. Die zulässige Sequenz $\mathcal{H}_{\hat{\Lambda}}$ ist daher nicht entartet.

Wegen Satz 7 genügt zum Beweis der Behauptung somit

$$\text{(133)} \qquad \mathrm{Res}_{[\mathcal{H}]}\, Q(\Lambda)E(g, \varphi_f, \Lambda) = 0 \ , \ [\mathcal{H}] \neq [\mathcal{H}_{\hat{\Lambda}}]$$

für jede zulässige Sequenz $\mathcal{H}$ von reellen Polhyperebenen mit Endpunkt $\hat{\Lambda}$ und $[\mathcal{H}] \neq [\mathcal{H}_{\hat{\Lambda}}]$.

Ist $\mathcal{H}$ eine beliebige zulässige Sequenz mit Endpunkt $\hat{\Lambda}$, dann sei $\mathcal{H}_F$ die maximale Anfangssequenz $\mathcal{H}_F$ vom Typ I.

Wir unterscheiden zwei Fälle

1) Die Länge von $\mathcal{H}_F$ ist $r - 1$. dann ist $[\mathcal{H}] = [\mathcal{H}_{\hat{\Lambda}}]$.

2) Die Länge von $\mathcal{H}_F$ ist kleiner als $r - 1$. Dann entspricht F einer Partition

$$\nu_1 + \ldots + \nu_t = r$$

mit $t > 1$.

Aus Lemma 10 folgt, daß die Residuenbildung (133) entlang der zulässigen Sequenz $\mathcal{H}$ mit der Residuenbildung

$$\text{(134)} \qquad \mathrm{Res}_{\Lambda_r = \hat{\Lambda}_r} \underset{[\mathcal{H}_F]}{\mathrm{Res}}\, Q(\Lambda)E(g, \varphi_f, \Lambda)$$

beginnt. Wir zeigen, daß diese Teilresiduen (134) verschwinden. Dies genügt.

Es sei

$$w(\Lambda_1, \ldots, \Lambda_r) = (\Lambda_{r+1-\nu_t}, \ldots, \Lambda_r, \Lambda_1, \ldots, \Lambda_{r-\nu_t}) \quad .$$

Die Substitution w ist in $W(\mathbf{a}_r, \mathbf{a}_r)$. Setzt man

$$Q'(\Lambda) = Q(w^{-1}\Lambda)M(w, w^{-1}\Lambda) \quad ,$$

dann ist das Verschwinden von (134) wegen der Funktionalgleichung der Eisensteinreihe äquivalent zu

$$(135) \qquad \operatorname*{Res}_{\Lambda_{\nu_t} = \hat{\Lambda}_r} \ \operatorname*{Res}_{\Lambda_{\nu_t} - \Lambda_{\nu_t - 1} = 1} \ldots \operatorname*{Res}_{\Lambda_2 - \hat{\Lambda}_1 = 1} \operatorname{Res}_{\mathcal{N}} Q'(\Lambda)E(g, \varphi_f, \Lambda) = 0 \quad .$$

Hierbei steht $\operatorname{Res}_{\mathcal{N}}$ für eine Residuenbildung, welche nur von den Variablen $\Lambda_\mu - \Lambda_\nu$ für $\mu, \nu > \nu_t$ abhängt.

Bemerkung: Aus (117) folgt, daß $M(w, w^{-1}\Lambda)$ nur von den Variablen $\Lambda_\mu - \Lambda_\nu$ für $\mu \leq \nu_t$ und für $\nu > \nu_t$ abhängt.

Zum Beweis von (135) entwickelt man $E(g, \varphi_f, \Lambda)$ in eine Doppelsumme (60). Bei geeigneter Wahl von ${}^\bullet P$ hängt bezüglich der Zerlegung $\Lambda = {}^\bullet\Lambda + {}^\dagger\Lambda$ die Residuenbildung (135) nur von der Variablen ${}^\dagger\Lambda$ ab und das Residuum kann im Konvergenzbereich der Reihe an der "inneren" Eisensteinreihe ${}^\bullet E(g, \varphi, {}^\dagger\Lambda)$ ausgeführt werden. Genauer: Es sei ${}^\bullet P \subseteq B_{r-\nu_t}$ die parabolische Untergruppe von G aller Matrizen (70) mit $r - \nu_t$ anstelle von r, für die die Teilmatrix $a \in Gl_{r-\nu_t}(\mathbb{R})$ die Blockgestalt

$$a = \begin{pmatrix} a^{(\nu_1)} & 0 & & 0 \\ * & a^{(\nu_2)} & & 0 \\ & & \ddots & \\ * & * & & a^{(\nu_{t-1})} \end{pmatrix}$$

besitzt. Dann ist

$$({}^\bullet M)^0 \xrightarrow{\sim} Sp_{2\bar{n}} \times \prod_{i=1}^{t-1} Sl_{\nu_i} \ , \ \bar{n} = j + \nu_t \quad .$$

Ist $\Lambda = {}^\bullet\Lambda + {}^\dagger\Lambda$, dann genügt es (135) für alle ${}^\bullet\Lambda$ in einer offenen Menge ${}^\bullet U \supseteq {}^\bullet\mathbf{a}^*_{r,\mathbb{C}}$ zu zeigen. Bei geeigneter Wahl von ${}^\bullet U$ liegt die Menge ${}^\bullet U \times {}^\dagger U_R$ im Konvergenzbereich (61) der Doppelsumme. Hierbei bezeichnet ${}^\dagger U$ eine Kugel vom Radius R in ${}^\dagger\mathbf{a}^*_{r,\mathbb{C}}$. Ohne Einschränkung sei R so groß gewählt, daß ${}^\dagger\hat{\Lambda} \in {}^\dagger U_R$ ist. Die parabolische Gruppe ${}^\bullet P$ wurde so gewählt, daß die Residuenbildung (135) entlang einer Sequenz von Hyperebenen in ${}^\dagger\mathbf{a}^*_{r,\mathbb{C}}$ erfolgt mit Endpunkt ${}^\dagger\hat{\Lambda}$. Es genügt daher (135) mit ${}^\bullet E(g, \varphi_f, {}^\dagger\Lambda)$ anstelle von $E(g, \varphi_f, \Lambda)$ zu zeigen.

Behauptung: Es gilt

(136) $$^{\bullet}E(g,\varphi_f,{}^{\dagger}\Lambda) = \overline{E}(\overline{g},\varphi_f,\overline{\Lambda})E'(g',\Lambda')\ ,\ ;{}^{\dagger}\Lambda = \overline{\Lambda}+\Lambda'\quad ,$$

wobei $E'(g',\Lambda')$ ein Produkt von Selbergschen Zetafunktionen für $g' = \prod_{i=1}^{t-1} Sl_{\nu_i}$ ist und wobei

$$\overline{E}(\overline{g},\varphi_f,\overline{\Lambda}), \overline{g} \in Sp_{2\overline{n}}$$

das Analogon der Eisensteinreihe $E(g,\varphi_f,\Lambda)$ für $n = \overline{n}$ ist.

Auf Grund der Zerlegung (136) und da $\overline{E}(\overline{g},\varphi_f,\overline{\Lambda})$ nur von $\overline{\Lambda} = (\Lambda_1,\ldots,\Lambda_{\nu_t})$ abhängt, kann die Residuenbildung (135) mit $^{\bullet}E(g,\varphi_f,{}^{\dagger}\Lambda)$ anstelle von $E(g,\varphi_f,\Lambda)$ in zwei Schritten ausgeführt werden. Man erhält

(137) $$\operatorname*{Res}_{\Lambda_{\nu_t}=\hat{\Lambda}_r} \operatorname*{Res}_{\Lambda_{\nu_t}-\Lambda_{\nu_t-1}=1} \cdots \operatorname*{Res}_{\Lambda_2-\Lambda_1=1} \overline{Q}(\overline{\Lambda},{}^{\bullet}\Lambda)\overline{E}(\overline{g},\varphi_f,\overline{\Lambda})$$

mit

$$\overline{Q}(\overline{\Lambda},{}^{\bullet}\Lambda) = \operatorname{Res}_{\mathcal{H}} Q'(\Lambda)E'(g',\Lambda')\quad .$$

Bei geeigneter Wahl von $^{\bullet}U$ ist $\overline{Q}(\overline{\Lambda},\Lambda)$ holomorph in einer Umgebung von

$$\hat{\overline{\Lambda}} = (\hat{\Lambda}_r - \nu_t + 1,\ldots,\hat{\Lambda}_r - 1,\hat{\Lambda}_r) \in \mathbb{C}^{\nu_t}$$

für alle $^{\bullet}\Lambda \in {}^{\bullet}U$.

Das Verschwinden von (137) folgt daher durch Induktion nach $\overline{n}, j < \overline{n} < n$ wegen

$$\operatorname{Res}_{[\hat{\overline{\Lambda}}]} \overline{Q}(\overline{\Lambda})\overline{E}(\overline{g},\varphi_f,\overline{\Lambda}) = 0\quad ,$$

da wir annehmen können, daß Satz 8 für kleinere n bereits bewiesen wurde. Die Voraussetzungen an das Gewicht k in Satz 8 sind nämlich für alle $\overline{n} \le n$ erfüllt.

Es bleibt (136) zu zeigen.
Die Eisensteinreihe $^{\bullet}E(g,\varphi_f,{}^{\dagger}\Lambda)$ ist

$$\sum_{\gamma\in\Gamma_{{}^{t}P}\backslash\Gamma_{{}^{\bullet}M}} a(\gamma g)^{{}^{t}\delta+{}^{t}\Lambda}\rho(k_{\gamma g})^{-1}\iota\tilde{\varphi}_f(m_{\gamma g})\ ,\ m_{\gamma g} \in (M_r)^0\quad .$$

Ohne Einschränkung ist $g = \overline{g}g'$ mit $\overline{g} \in Sp_{2\overline{n}}$ und $g' \in \prod_{i=1}^{t-1} Sl_{\nu_i}$. Man erhält analog

$$\Gamma_{{}^{t}P}\backslash\Gamma_{{}^{\bullet}M} \xrightarrow{\ \sim\ } \Gamma_{B_{r-\nu_t}}\backslash\Gamma_{\overline{n}} \times \prod_{i=1}^{t-1} \Delta_{\nu_i}\backslash Sl_{\nu_i}(\mathbb{Z})\quad .$$

Es gilt

$$(\overline{\gamma}\gamma')(\overline{g}g') = (\overline{\gamma g})(\gamma' g') = (\overline{a}_{\overline{\gamma g}}\overline{n}_{\overline{\gamma n}}m_{\overline{\gamma g}}\overline{k}_{\overline{\gamma g}})(a'_{\gamma' g'}n'_{\gamma' g'}k'_{\gamma' g'})$$

mit

$$\overline{k}_{\overline{\gamma g}} \in \{\begin{pmatrix} * & 0 \\ 0 & E \end{pmatrix} \in U(n), E = E^{(n-\overline{n})}\} \xrightarrow{\sim} U(\overline{n})$$

und

$$k'_{\gamma' g'} \in \{\begin{pmatrix} E & 0 \\ 0 & * \end{pmatrix} \in U(n), E = E^{(\overline{n})}\} \xrightarrow{\sim} O(n-\overline{n}).$$

Es genügt daher zum Beweis von (136)

$$\rho(\overline{k}_{\overline{\gamma g}}k'_{\gamma' g'})^{-1}\iota\tilde{\varphi}_f(m_{\gamma g}) = \overline{\rho}(k_{\gamma g})^{-1}\iota\tilde{\varphi}_f(m_{\gamma g}) \tag{138}$$

für

$$\overline{k}_{\overline{\gamma g}} = \begin{pmatrix} k_{\overline{\gamma g}} & 0 \\ 0 & E \end{pmatrix}, \ k_{\overline{\gamma g}} \in U(\overline{n}) \quad .$$

Hierbei ist $(\overline{V}, \overline{\rho})$ eine irreduzible Darstellung von $Gl_{\overline{n}}(\mathbb{C})$ mit $\overline{\rho} \sim (\lambda_1, \ldots, \lambda_{\overline{n}})$, falls $\rho \sim (\lambda_1, \ldots, \lambda_n)$ ist.

Dies sieht man folgendermaßen. Die Einschränkung der Darstellung (V_ρ, ρ) auf die Untergruppe $Gl_{\overline{n}}(\mathbb{C}) \times Gl_{n-\overline{n}}(\mathbb{C})$ der Matrizen

$$\begin{pmatrix} g^{(\overline{n})} & 0 \\ 0 & g^{(n-\overline{n})} \end{pmatrix} \in Gl_n(\mathbb{C})$$

erzeugt bei Operation auf $\iota(V_{\rho'}) \subseteq V_\rho$ einen Darstellungsraum $\overline{V} \supseteq \iota(V_{\rho'})$. Aus der Tatsache, daß ρ eine Liftung von ρ' ist, folgt, daß diese Darstellung auf $\overline{V}$ isomorph zu $\overline{\rho} \otimes \det^k$ (äußeres Tensorprodukt) ist. Die Einschränkung von $(\overline{V}, \overline{\rho})$ auf die Untergruppe $U(\overline{n}) \times O(n-\overline{n})$ von $Gl_{\overline{n}}(\mathbb{C}) \times Gl_{n-\overline{n}}(\mathbb{C})$ ist daher isomorph zur Darstellung $\rho \otimes 1$. Damit ist Satz 8 gezeigt. □

Es sei $\tilde{\Lambda}$ ein Punkt

$$\tilde{\Lambda} = (\tilde{\Lambda}_1, \tilde{\Lambda}_1 + 1, \ldots, \tilde{\Lambda}_1 + r - 1)$$

in $\mathbf{a}_r^*$, welcher die Eigenschaften

$$\begin{aligned} &\tilde{\Lambda}_1 > -\frac{r-1}{2} \quad , \\ &\tilde{\Lambda}_1 > k - n \quad , \\ &\tilde{\Lambda}_1 \geq j + 1 - k \end{aligned} \tag{139}$$

erfüllt. Eine ähnliche Argumentation wie eben zeigt die folgende Variante der obigen Behauptung.

Behauptung: *Sei $Q(\Lambda)$ meromorph auf $\mathbf{a}^*_{r,\mathbb{C}}$ und holomorph in einer Umgebung des fest gewählten Punktes $\tilde{\Lambda}$, dann ist*

$$\text{(140)} \qquad \mathrm{Res}_{[\tilde{\Lambda}]}\, Q(\Lambda)E(g,\phi,\Lambda)\ ,\ \phi \in \mathcal{E}_{\mathrm{hol}}(\rho',\rho)$$

eine quadratintegrierbare Funktion auf $\Gamma_n\backslash G$. Das Residuum definiert eine holomorphe Modulform in $[\Gamma_n,\rho]$ für $\tilde{\Lambda}_1 = j+1-k$ und verschwindet für $\tilde{\Lambda}_1 > j+1-k$.

Beweis: Wegen der Annahme $\tilde{\Lambda}_1 > -\frac{r-1}{2}$ definieren die Gleichungen

$$\Psi_2 - \Psi_1 = 1, \ldots, \Psi_r - \Psi_{r-1} = 1, \Psi_r = \tilde{\Lambda}_r$$

eine nicht entartete, zulässige Sequenz $\mathcal{H}_{\tilde{\Lambda}}$ von Hyperebenen. Die Quadratintegrierbarkeit des Residuums (140) folgt aus Satz 7, falls für alle zulässigen Sequenzen $\mathcal{H}$ mit Endpunkt $\tilde{\Lambda}$ und $[\mathcal{H}] \neq [\mathcal{H}_{\tilde{\Lambda}}]$ das Residuum

$$\text{(141)} \qquad \mathrm{Res}_{[\mathcal{H}]}\, Q(\Lambda)E(g,\varphi_f,\Lambda)$$

verschwindet. Dies reduziert man auf die Aussage, daß die analog zu (135) gebildeten Residuen verschwinden. Dies wiederum folgt aus der Annahme der Behauptung für $n' < n$, welche wir durch Induktion als bewiesen ansehen können. Die Voraussetzungen (139) vererben sich auf die Punkte

$$\tilde{\Lambda}' = (\tilde{\Lambda}_{r+1-\nu_t}, \ldots, \tilde{\Lambda}_r)\ ,\ r' = \nu_t \leq r$$

in $\mathbf{a}^*_{r',\mathbb{C}}$. Es gilt sogar $\tilde{\Lambda}'_1 > j+1-k$ für $\nu_t \neq r$. Aus der Annahme der Behauptung für $n' = j + \nu_t, \nu_t < r$ folgt daher das Verschwinden der Residuen (141) mit Hilfe von Lemma 10. Damit ist die Quadratintegrierbarkeit gezeigt.

Der Rest der Behauptung folgt aus Satz 6. Der Eigenwert $\mathbf{x}(\tilde{\Lambda})$ des Operators C (Vielfaches des Casimiroperators) für die Eisensteinreihe (140) ist als Funktion von $\tilde{\Lambda}_1$ ein quadratisches Polynom von $\tilde{\Lambda}_1$

$$\mathbf{x}(\tilde{\Lambda}) = a\tilde{\Lambda}_1^2 + b\tilde{\Lambda}_1 + c \quad .$$

Für $\tilde{\Lambda} = \check{\Lambda}$ und $\tilde{\Lambda} = \hat{\Lambda}$ gilt $\mathbf{x}(\tilde{\Lambda}) = \mathbf{x}(\rho)$ sowie $\tilde{\Lambda}_1 = j+1-k$ beziehungsweise $\tilde{\Lambda}_1 = k-n$. Die Behauptung folgt daher, falls der Koeffizient $a > 0$ ist. Wegen $C = \mathrm{Spur}(E_+E_-) + \mathbf{x}(\rho)$ gilt

$$\mathrm{Spur}(E_+E_-)a(g)^{\delta+\tilde{\Lambda}}\phi(g) = (\mathbf{x}(\tilde{\Lambda}) - \mathbf{x}(\rho))a(g)^{\delta+\tilde{\Lambda}}\phi(g) \quad .$$

Wegen Lemma 5 ist

$$E_- a(g)^\Lambda|_{g=1} = \begin{pmatrix} 0 & & 0 \\ & \Lambda_1 & \\ & & \ddots \\ 0 & & \Lambda_r \end{pmatrix}$$

und

$$\begin{aligned} E_+ a(g)^\Lambda|_{g=1} &= \overline{E_- a(g)^{\bar{\Lambda}}|_{g=1}} \\ &= \begin{pmatrix} 0 & & 0 \\ & \Lambda_1 & \\ & & \ddots \\ 0 & & \Lambda_r \end{pmatrix} . \end{aligned}$$

Der Koeffizient a ist daher der führende Koeffizient von

$$\sum_{i=1}^{r} (\delta_i + \tilde{\Lambda} - k)^2 = r\tilde{\Lambda}_1^2 + 0(\Lambda_1) \quad .$$

und folglich positiv. Damit ist die Behauptung bewiesen. □

Als Korollar erhält man

Satz 9: *Ist $k < \frac{n+j+1}{2}$ und $f \in [\Gamma_j, \rho']_0$, dann ist für jedes Polynom $Q(s)$ das Residuum der Klingenschen Eisensteinreihe $\mathrm{Res}_{s=s_{\tilde{\Lambda}}} Q(s)K(g, \varphi_f, s)$ eine holomorphe Modulform in $[\Gamma_n, \rho]$.*

Beweis: Die Bedingungen (139) sind wegen $k < \frac{n+j+1}{2}$ für $\tilde{\Lambda} = \breve{\Lambda}$ erfüllt. □

Ist $M(\rho, s) = M(s)$ der Operator in (119) und $\Delta = k - j - 1$, dann gilt

Lemma 14: *Ist k das Gewicht der irreduziblen Darstellung ρ, dann ist $M(\rho, s)$ holomorph für $\mathrm{Re}(s) > |\Delta|$.*

Beweis: Die Aussage des Lemmas erhält man als Spezialfall $n = j + 1$ der obigen Behauptung. Jede Polstelle von $M(\rho, s)$ für $\mathrm{Re}(s) > |\Delta| \geq 0$ ist reell ([21], Seite 184) und definiert für $Q(\Lambda) = 1$ ein nicht verschwindendes Residuum (140) im Widerspruch zur Behauptung.□

10 DER GRENZFALL $k = \frac{n+j+1}{2}$

In diesem Abschnitt wird gezeigt, daß $F(f,n,k)$ im Grenzfall $k = \frac{n+j+1}{2}$ eine holomorphe Modulform ist. In gewisser Weise ist das Gewicht $k = \frac{n+j+1}{2}$ ausgezeichnet. Da bei Liftungsfragen ja immer die Größen k und j festgehalten werden, bezeichnen wir das zugehörige n als kritisch. Es kann allerdings der Fall eintreten, daß für gegebenes j und k beim Liften dieses kritische n nie auftritt. Dies ist genau dann der Fall, wenn das Gewicht k der Liftung kleiner oder gleich j ist. Dies gibt ähnlich wie in Lemma 1 und Lemma 2 einen prinzipiellen Unterschied im Liftungsverhalten. Die beiden Fälle werden daher im folgenden auch im Prinzip getrennt behandelt werden. Nimmt man den Fall, wo man beim Liften den Fall $n = n_{\text{krit}}$ passieren muß, dann zeigt es sich daß das vorherige und in gewisserweise auch das nachfolgende Liften vom Ergebnis dieser Liftung im Fall $n = n_{\text{krit}}$ stark beeinflußt ist. (Satz 10 und Lemma 15).

Dies bezieht sich allerdings immer nur auf die durch die Funktion $F(f,n,k)$ definierten "Eisensteinliftungen". Es könnte zum Beispiel durchaus der Fall sein, daß $F(f,n,k)$ für den kritischen Wert $n = n_{\text{krit}}$ verschwindet, obwohl es eine Φ-Liftung F gibt mit $\Phi F = f$. Wie später noch gezeigt wird, ist so etwas allerdings nicht mehr möglich für $n > n_{\text{krit}}$.

Die folgenden Bezeichnungen gelten für alle Gewichte k. Es sei

$$\Lambda_0 = \begin{cases} \hat{\Lambda} & k \geq \frac{n+j+1}{2} \\ \check{\Lambda} & k \leq \frac{n+j+1}{2} \end{cases} .$$

Ist Ψ im $\tilde{W}(\mathbf{a}_r, \mathbf{a}_r)$ Orbit von Λ_0, dann sei

$$W_\Psi = W_\Psi(\mathbf{a}_r, \mathbf{a}_r) = \{w \in \tilde{W}(\mathbf{a}_r, \mathbf{a}_r) : w\Lambda_0 = \Psi\} .$$

Ist $K(g, \varphi_f, s)$ die Klingensche Eisensteinreihe, dann folgt wegen (124) für den nullten Fourierkoeffizienten von $K(g, \varphi_f, s)$ entlang $P = B_r$

$$K(g, \varphi_f, s_\Lambda) = \sum_\Psi a(g)^{\delta+\Psi} \phi_\Psi(g), \quad \delta = \delta_{B_r} \tag{142}$$

mit

$$\phi_\Psi(g) = \frac{1}{c(r)} \sum_{w \in W_\Psi} \operatorname{Res} a(g)^{w\Lambda - \Psi} M(w, \Lambda)\varphi_f \quad , \quad \phi_\Psi \in \mathcal{E}[\rho', \rho]. \tag{143}$$

Für manche Betrachtungen ist es sinnvoll, die Fälle $k \leq j$ und $k \geq j+1$ getrennt zu betrachten. Dies entspricht den Fällen $\Delta < 0$ und $\Delta \geq 0$ für $\Delta = k - j - 1$.

Im ersten Fall gilt die Ungleichung $k < \frac{n+j+1}{2}$ für alle $n > j$. Wegen Satz 9 ist daher $F(f,n,k)$ immer holomorph.

Im zweiten Fall $(\Delta \geq 0)$ gibt es ein eindeutig bestimmtes $n_{\mathbf{krit}} > j$, für welches $k = \frac{n_{\mathbf{krit}}+j+1}{2}$ gilt. Setzt man $r_{\mathbf{krit}} = n_{\mathbf{krit}} - j$, dann gilt $r_{\mathbf{krit}} = 2\Delta + 1$.

Ist $n > n_{\mathbf{krit}}$, dann ist $F(f,n,k)$ holomorph wegen Satz 9. Für $n < n_{\mathbf{krit}}$ ist die Funktion $F(f,n,k)$ wohldefiniert und für $n < n_{\mathbf{krit}} - 2$ sogar holomorph. Dies folgt aus Satz 8. Es bleiben die restlichen drei Fälle $n = n_{\mathbf{krit}} - 2, n_{\mathbf{krit}} - 1, n_{\mathbf{krit}}$ zu behandeln.

Es soll gezeigt werden, daß $F(f,n,k)$ für $n = n_{\mathbf{krit}}$ immer wohldefiniert ist und eine holomorphe Modulform in $[\Gamma_n, \rho]$ definiert. Der einfachste Beweis für die Wohldefinierbarkeit und die Holomorphie von $F(f, n_{\mathbf{krit}}, k)$ ergibt sich mit einem Induktionsargument wie in Satz 8 zusammen mit dem Korollar [21], Seite 217. Im folgenden wird allerdings ein anderer Beweis gegeben, der mehr Einsicht in den wechselseitigen Zusammenhang bei den einzelnen Liftungen vermittelt.

Es sei also $n = n_{\mathbf{krit}}$ und $r = r_{\mathbf{krit}} = 2\Delta + 1$. Dann gilt

$$\hat{\Lambda} = (-\Delta, \ldots, \Delta) \text{ und } \Lambda_0 = \check{\Lambda} = \hat{\Lambda} \quad .$$

Jeder Punkt Ψ im $\tilde{W}(\mathbf{a}_r, \mathbf{a}_r)$ Orbit von Λ_0 ist von der Gestalt

$$\Psi = (\Delta, \ldots, -\Delta)$$

im Fall $\Psi = w\Lambda_0$ für $w = \hat{w}, \check{w}$ und von der Gestalt

$$\Psi = (\ldots, -\Delta, \ldots, -\Delta) \quad \text{für} \quad w \neq \hat{w}, \check{w}$$

sonst. Jedem Ψ wird eine Zahl $\nu_\Psi, 1 \leq \nu_\Psi \leq r$ zugeordnet. Im ersten Fall setzen wir $\nu_\Psi = 1$. Im zweiten Fall sei ν_Ψ definiert durch $\Psi_{r+1-\nu_\Psi} = -\Delta, \nu_\Psi > 1$.

Es sei $n' = n + 1 - \nu_\Psi$ sowie $r' = r + 1 - \nu_\Psi$. Dann ist $n' \leq n$ und

$$\Lambda'_0 = (\ldots, \Delta - 1, \Delta) \quad .$$

Bezeichnet p die Projektion $p : \mathbb{R}^r \to \mathbb{R}^{r'}$ auf die ersten Koordinaten, dann sei $\Psi' = p(\Psi)$. Die Zuordnung

$$w' \mapsto w(\Lambda_1, \ldots, \Lambda_r) = (w'(\Lambda_{\nu_\Psi}, \ldots, \Lambda_{2\Delta+1}), \Lambda_{\nu_\Psi - 1}, \ldots, \Lambda_1)$$

definiert eine Inklusion von $W_{\Psi'} = W_{\Psi'}(\mathbf{a}'_r, a'_r)$ in $W_\Psi(\mathbf{a}_r, \mathbf{a}_r)$. Setzt man $^\circ w = \hat{w}w$, dann gilt

Bemerkung: *Für $\nu_\Psi = 1$ ist $W_\Psi = \{\check{w}, \hat{w}\}$. Für $\nu_\Psi > 1$ ist W_Ψ die disjunkte Vereinigung von $W_{\Psi'}$ und $(W_{\Psi'})^\circ w$.*

Dies folgt aus ${}^\circ w \Lambda_0 = \Lambda_0$. Ist $(\Lambda^0)' = \hat{w}' \Lambda_0{}' = (\Delta, \Delta - 1, \ldots)$, dann gilt

Bemerkung: *Ist $\nu_\psi > 1$, dann gilt $\Psi' \neq (\Lambda^0)'$.*

Es bezeichne σ_s die Teilmenge $\Lambda_0 + (s, \ldots, s)$ in $\mathbf{a}^*_{r,\mathbb{C}}$.

Behauptung: Der Operator $M({}^\circ w, \sigma_s)$ ist holomorph im Punkt $s = 0$.
Dies folgt aus der Produktdarstellung (117). Ist $M(s) = M(\rho, s)$ der Operator in (119) oder $M(s) = \frac{\xi(s)}{\xi(s+1)}$, dann reduziert man die Behauptung sofort auf die Holomorphie von

$$M(s_0 + s) M(-s_0 + s) = M(s_0 + s) M^{-1}(s_0 - s) \tag{144}$$

im Punkt $s = 0$ (für beliebiges $s_0 \in \mathbb{C}$). Die Holomorphie von (144) im Punkt $s = 0$ ist klar für $\mathbb{C}$-wertige meromorphe Funktionen. Den allgemeinen Fall reduziert man darauf durch simultanes Diagonalisieren der Operatoren. Dies ist möglich, wie später gezeigt wird.

Aus der Funktionalgleichung folgt

$$M(id, \sigma_s) = M({}^\circ w {}^\circ w, \sigma_s) = M({}^\circ w, \sigma_{-s}) M({}^\circ w, \sigma_s)$$

und daher

$$\mathbf{M}^2 = id$$

für den Operator $\mathbf{M} = \mathbf{M}^\rho$

$$\mathbf{M} = \lim_{s \to 0} M({}^\circ w, \sigma_s) = \lim_{s \to 0} \prod_{i=-\Delta}^{i=\Delta} M(\rho, s + i) \quad . \tag{145}$$

Setzt man $P_\pm = \frac{1}{2}(id \pm \mathbf{M})$, dann erhält man Projektoren auf die ± 1 Eigenräume von $\mathcal{E}[\rho', \rho] \tilde{\to} [\Gamma_j, \rho']_0$. Wir verwenden dabei, daß die Operation der $M(w, \Lambda)$ auf $\mathcal{E}(\rho', \rho) \tilde{\to} \mathcal{E}[\rho', \rho] \otimes V^*_\rho$ von einer Operation auf $\mathcal{E}[\rho', \rho]$ induziert wird. Auch dies wird später gezeigt. Man erhält eine Zerlegung von $[\Gamma_j, \rho']_0$ in die beiden Eigenräume

$$[\Gamma_j, \rho'] = [\Gamma_j, \rho']_0^+ \oplus [\Gamma_j, \rho']_0^- \tag{146}$$

vom $\mathbf{M}$. Diese hängt wie auch $\mathbf{M}$ von der jeweils gewählten Liftung ρ von ρ' ab.

Satz 10: *Es sei* $n = n_{\text{krit}}$. *Dann ist die Klingensche Eisensteinreihe* $K(g, \varphi_f, s)$ *regulär im Punkt* $s = s_{\hat{\Lambda}}$. *Die automorphe Form* $F(f, n, k) = K(g, \varphi_f, s_{\hat{\Lambda}})$ *definiert eine holomorphe Modulform* $F \in [\Gamma_n, \rho]$. *Es gilt*

$$\Phi^r F = 2P_+ f \quad .$$

Ist $f \in [\Gamma_j, \rho']_0^+$, *dann ist* $F(f, n, k)$ *eine holomorphe Modulform für alle Liftungen* $n > j$.

Beweis: Wir zeigen für die Summanden des nullten Fourierkoeffizienten (142) der Klingenschen Eisensteinreihe $K(g, \varphi_f, s)$ entlang $P = B_r$

$$\lim_{s \to s_{\hat{\Lambda}}} \phi_\Psi(g) = 0 \;,\; \nu_\Psi > 1 \tag{147}$$

Für $\nu_\Psi = 1$ gilt $\Psi = \Lambda^0$ und

$$\lim_{\Lambda \to \hat{\Lambda}} \phi_\Psi(g) = \lim_{s \to s_{\hat{\Lambda}}} \frac{1}{c(r)} \operatorname{Res}[a(g)^{\delta + \hat{w}\Lambda} M(\hat{w}, \Lambda)\varphi_f + a(g)^{\delta + \check{w}\Lambda} M(\check{w}, \Lambda)\varphi_f]$$

$$= \lim_{s \to s_{\hat{\Lambda}}} \frac{1}{c(r)} \operatorname{Res}[M(\hat{w}, \Lambda) a(g)^{\delta + \hat{w}\Lambda} \phi_f + a(g)^{\delta + \check{w}\Lambda} M(^\circ w, \Lambda)\phi_f]$$

$$= a(g)^{\delta + \Lambda^0}[id + \mathbf{M}]\varphi_f = a(g)^k 2P_+ \varphi_f \quad .$$

Daraus folgt die Holomorphie und die Wohldefiniertheit von $F(f, n, k)$ für $n = n_{\text{krit}}$. Dies ist klar, da zum Nachweis der Holomorphie die Gleichung (129) genügt. Letztere folgt aus Lemma 11c).

Bei Residuenbildung entlang einfacher Polstellen gilt

$$\operatorname{Res} h(\Lambda)|_{\Lambda = \sigma_s} = \lim_{\Lambda \to \sigma_s} \prod_{i=1}^{r} (\alpha_i(\Lambda) - 1) h(\Lambda)$$

$$= \lim_{\Lambda \to {^\circ w}\sigma_s} \prod_{i=2}^{r} (\alpha_i(\Lambda) - 1) h(^\circ w\Lambda) = \operatorname{Res} h(^\circ w\Lambda)|_{\Lambda = \sigma_{-s}} \quad .$$

Für $\phi_\Psi(g)$ folgt daher im Fall $\nu_\Psi > 1$

$$\phi_\Psi(g) = \frac{1}{c(r)} \operatorname{Res} \sum_{w' \in W_{\Psi'}} [a(g)^{w'\Lambda - \Psi} M(w', \Lambda) + a(g)^{w'{^\circ w}\Lambda - \Psi} M(^\circ w, \Lambda) M(w', {^\circ w}\Lambda)]\varphi_f$$

$$= \phi_\Psi^+(g, s) + M(^\circ w, \sigma_s)\phi_\Psi^+(g, -s)$$

mit

(148) $$\phi^+_\Psi(g,s) = \frac{1}{c(r)} \operatorname{Res} \sum_{w'\in W_{\Psi'}} a(g)^{w'\Lambda-\Psi} M(w',\Lambda)\varphi_f|_{\Lambda=\sigma} \quad .$$

Es bezeichne α_{ij} die Wurzel $e_i+e_j (i>j)$ und die Wurzel e_i bzw. $2e_i$ für $i=j$, je nachdem ob $r<n$ oder $r=n$ ist. Es gilt

(149)
$$M(w',\Lambda) = A_\Psi(\Lambda) \prod_{\substack{i>j\\ j\geq \nu_\Psi}} M_{e_i-e_j}(\Lambda) \prod_{\substack{w'\alpha_{ij}<0\\ j\geq\nu_\Psi}} M_{\alpha_{ij}}(\Lambda)$$
$$A_\Psi(\Lambda) = \prod_{\substack{i>j\\ j<\nu_\Psi}} M_{e_i-e_j}(\Lambda) \quad ,$$

denn aus der Art der Einbettung von $W_{\Psi'}$ in W_Ψ folgt $w\alpha_{ij}>0$ für alle $j<\nu_\Psi$ und alle $w\in W_{\Psi'}$. Ist $\Lambda' = (\Lambda_{\nu_\Psi},\ldots,\Lambda_{2\Delta+1})$, dann hängen die beiden letzten Faktoren von (149) nur von Λ' ab.

Man kann die Terme $\phi_\Psi(g)$ durch Terme des nullten Fourierkoeffizienten einer Klingenschen Eisensteinreihe $K'(g,\varphi_f,s)$ für $n'<n$ ausdrücken. Setzt man $n'=j+r'$ und $r'=2\Delta+2-\nu_t$, dann gilt

(150) $$K'(g,\varphi_f,s)_{B_{r'}} = \sum_{\Psi'} a'(g)^{\delta'+\Psi'}\phi_{\Psi'}(g) \quad , \quad \delta'=\delta_{B_{r'}} \quad .$$

Die Summanden sind linear unabhängig im Punkt $\Lambda'=\hat\Lambda$. Es gilt

(151) $$\phi_{\Psi'}(g) = \frac{1}{c(r')} \operatorname{Res} \sum_{w'\in W_{\Psi'}} a'(g)^{w'\Lambda'-\Psi'} M'(w',\Lambda')\varphi_f \quad .$$

Nach Satz 8 ist $K'(g,\phi_f,s)$ regulär im Punkt $s_{\Lambda'}=s_{\hat\Lambda}$ für $n'<n_{\text{krit}}$. Es folgt für $\nu_\Psi>1$:

(152) Alle $\phi_{\Psi'}(g)$ sind regulär bei $s_{\Lambda'}=s_{\hat\Lambda}$.

Es ist

$$\phi^+_\Psi(g,s) = \frac{1}{c(r)} \operatorname{Res} \prod_{i<\nu_\Psi} a_{r+1-i}(g)^{\Lambda_i-\Psi_{r+1-i}} A'_\Psi(\Lambda) \sum_{w'\in W_{\Psi'}} a'(g)^{w'\Lambda'-\Psi'} M'(w',\Lambda')\varphi_f \quad .$$

Für $\Lambda \to \Lambda_0$ gilt $\Lambda' \to \Lambda'_0$. Wegen $n' < n_{\text{krit}}(\nu_\Psi > 1)$ und (152) folgt

$$\lim_{s \to s_{\hat\Lambda}} \phi^+_\Psi(g,s) = \text{const} \cdot B_\Psi \Phi_{\Psi'}(g)$$

mit einer nichtverschwindenden Konstante und

$$B_\Psi = \lim_{\Lambda \to \hat\Lambda} \prod_{i=2}^{i=\nu_\Psi} [\alpha_i(\Lambda) - 1] \, A_\Psi(\Lambda) \neq 0 \quad .$$

Wegen (148) ist daher

$$\lim_{s \to s_{\hat\Lambda}} \phi_\Psi(g) = c \cdot (id + \mathbf{M}) \Phi_{\Psi'}(g) \;, \; (\nu_\Psi > 1) \tag{153}$$

mit einer Konstante $c \neq 0$. Aus Satz 8 folgt, daß für $\nu_\Psi > 3$ alle Terme $\phi_{\Psi'}(g)$, welche in (150) vorkommen können, verschwinden müssen, da Ψ' als Projektion von Ψ die Gestalt

$$\Psi' = (\underbrace{*, \ldots, *, -\Delta}_{r'}) \tag{154}$$

hat. Der einzige nicht verschwindende Term $\phi_{\Psi'}$ ist aber bezüglich $\Psi' = (\Lambda^0)'$

$$(\Lambda^0)' = (\Delta, \ldots, k - n') \;, \; k - n' > -\Delta$$

gebildet. Insbesondere verschwindet (153) für $\nu_\Psi > 3$. Wir können uns daher auf die Betrachtung der beiden Fälle $\nu_\Psi = 3$ und $\nu_\Psi = 2$ beschränken.

Der Fall $\nu_\Psi = 3$:
Man kann hier genauso schließen wie im Fall $\nu_\Psi > 3$ mit der einen Ausnahme, daß außer für $\Psi' = (\Lambda^0)'$ auch für

$$\begin{aligned} \Psi' &= (\Lambda^0)' - (2, \ldots, 2) \\ &= (\Delta - 2, \ldots, -\Delta) \end{aligned} \tag{155}$$

ein möglicher nicht verschwindender Term $\phi_{\Psi'}(g)$ existiert. Dieser zusätzliche Term verschwindet genau dann, wenn

$$F(f, n', k) \in [\Gamma_{n'}, \rho] \;, \; n' = n_{\text{krit}} - 2$$

gilt. Dies entspricht dem Grenzfall $k = \frac{n'+j+3}{2}$ von Satz 8. Die Gestalt (155) des Zusatzterms folgt aus der Holomorphie von $E_-^{[r']} F(f, n', k)$ und der Tatsache, daß daher für den Exponent Ψ' in (155) die Gleichungen (130) und (131) nicht mehr gültig sind. Da (154) erfüllt ist, ergibt sich die

Folgerung: Für $f \in [\Gamma_j, \rho']_0^+$ sind äquivalent:
a) Die Holomorphie von $F(f, n', k), n' = n_{\text{krit}} - 2$.
b) Das Verschwinden von (153) für $\Psi = (\Delta - 2, \ldots, -\Delta, -\Delta + 1, -\Delta)$.
Letzteres folgt natürlich aus der Holomorphie von $F(f, n, k)$ für $n = n_{\text{krit}}$. Insbesondere ist damit die letzte Behauptung des Lemmas im Fall $n' = n - 2$ gezeigt, wenn die Holomorphie von $F(f, n_{\text{krit}}, k)$ gezeigt ist.

Das Verschwinden von $\phi_\Psi(g), \Psi = (\Delta - 2, \ldots, -\Delta, -\Delta + 1, -\Delta)$:
Man muß zwei Fälle unterscheiden, den Fall $\Delta = 1$ und den Fall $\Delta > 1$. Der Fall $\Delta = 0$ ist nicht möglich!

Sei $\Delta > 1$. Dann gilt $W_\Psi = \{w_1, w_2, w_3, w_4\}$ mit

$$
\begin{aligned}
w_1(\Lambda) &= (\Lambda_{r-2}, \ldots, \Lambda_3, \Lambda_2, \Lambda_1, -\Lambda_{r-1}, -\Lambda_r) \\
w_3(\Lambda) &= (\Lambda_{r-2}, \ldots, \Lambda_3, -\Lambda_{r-1}, -\Lambda_r, \Lambda_2, \Lambda_1) \\
w_2(\Lambda) &= (-\Lambda_3, \ldots, -\Lambda_{r-2}, \Lambda_2, \Lambda_1, -\Lambda_{r-1}, -\Lambda_r) \\
w_4(\Lambda) &= (-\Lambda_3, \ldots, -\Lambda_{r-2}, -\Lambda_{r-1}, -\Lambda_r, \Lambda_2, \Lambda_1)
\end{aligned} \tag{156}
$$

und

$$M(w_i, \Lambda) = M(w_{i+2}, \Lambda) C(\Lambda) \tag{157}$$

mit

$$C(\Lambda) = \prod_{\substack{u=0,1 \\ v=1,2}} M_{\alpha_{r-u,v}}(\Lambda) \quad (i = 1, 2)$$

Für $\Delta = 1$ fallen w_1 und w_2 zusammen,

$$
\begin{aligned}
w_1(\Lambda) &= (\Lambda_1, -\Lambda_2, -\Lambda_3) \\
w_3(\Lambda) &= (-\Lambda_3, \Lambda_2, \Lambda_1) \quad ,
\end{aligned}
$$

und es gilt $W_\Psi = \{w_1, w_3\}$. In den nun folgenden Formeln ist daher im Fall $\Delta = 1$ der Term mit w_2 bzw. w_4 wegzulassen. Der Operator $M(w_i, \Lambda)$ ist für $i = 3$ und $i = 4$

$$M(w_i, \Lambda) = D(\Lambda) M'(w_i', \Lambda') \quad ,$$

mit dem für $\Lambda = \sigma_s$ im Punkt $s = s_{\hat{\Lambda}}$ holomorphen Faktor

$$D(\Lambda) = \underbrace{M_{\alpha_{r,r-1}}(\Lambda)}_{\text{nur für}\,\Delta>1} \prod_{\substack{i \geq r-1 \\ j \leq 2}} M_{e_i - e_j}(\Lambda) \prod_{\substack{i \geq r-1 \\ r-2 \geq j \geq 2}} M_{\alpha_{ij}}(\Lambda) \tag{158}$$

und Operatoren $M'(w_i', \Lambda')$ für $\Lambda' = (\Lambda_3, \ldots, \Lambda_r)$ mit $n' = n - 2$ und

$$w_3'(\Lambda_1, \ldots, \Lambda_{r'}) = (\Lambda_{r'-2}, \ldots, \Lambda_1, -\Lambda_{r'-1}, -\Lambda_{r'}) \quad .$$

Es gilt $W_{\Psi'} = \{w_3', w_4'\}$ mit $\Psi' = (\Delta + 2, \ldots, -\Delta)$ wie in (155). Es folgt für den Term (148)

$$\begin{aligned} \phi_\Psi(g) = {} & \frac{C(\sigma_s)}{c(r)} \operatorname{Res}[a^{w_1\Lambda - \Psi} M(w_3, \Lambda) + a^{w_2\Lambda - \Psi} M(w_4, \Lambda)]\varphi_f \\ & + \frac{1}{c(r)} \operatorname{Res}[a^{w_3\Lambda - \Psi} M(w_3, \Lambda) + a^{w_4\Lambda - \Psi} M(w_4, \Lambda)]\varphi_f \\ & = (1 + C(\sigma_s)(a_{r-3}/a_{r-1})^{\Lambda_2 + \Lambda_{r-1}}(a_{r-2}/a_r)^{\Lambda_1 + \Lambda_r})\phi_\Psi^+(g, s) \end{aligned} \tag{159}$$

mit $a_0 = 1$ im Fall $\Delta = 1 (r = 3)$.
Wie weiter oben erwähnt wurde, existiert der Limes $\lim_{s \to s_{\hat{\Lambda}}} \phi_\Psi^+(g)$. Um das Verschwinden von $\phi_\Psi(g)$ zu zeigen, genügt daher

Behauptung: Es gilt $\lim_{s \to s_{\hat{\Lambda}}} C(\sigma_s)\phi_\Psi^+(g, s) = -\phi_\Psi^+(g, s_{\hat{\Lambda}})$.
Im Fall $\Delta > 1$ folgt dies aus

$$\lim_{s \to 0} M(1 + s) M(-1 + s) M(s)^2 = \lim_{s \to 0} M(1 + s) M(1 - s)^{-1} M(s)^2 = -1 \quad .$$

für $M(s) = \frac{\xi(s)}{\xi(s+1)}$. Im Fall $\Delta = 1$ schließt man analog auf Grund der folgenden Tatsache

Zusatz zum Satz 10: Ist $\Delta = 1$ und $F(f, n', k) \notin [\Gamma_{n'}, \rho]$ für $n' = n_{\text{krit}} - 2$, dann hat $M(\rho, s)$ keinen Pol bei $s = 1$ und es gilt

$$M(\rho, 0) M(\rho, 1)\varphi_f = -M(\rho, 1)\varphi_f \quad .$$

Beweis des Zusatzes: Daß $M(\rho,s)$ keinen Pol bei $s = 1$ besitzt, folgt aus Satz 8. Betrachtet man den Summanden des nullten Fourierkoeffizienten von $F(f,n'+1,k)$ zum Exponent $\Psi = (0,-1)$, dann ist bis auf unwesentliche Faktoren dieser gleich

$$\lim_{s\to 0} M(1+s)[a^{s/2} + a^{-s/2}M(\rho,s)]M(\rho,1+s)\varphi_f \quad .$$

Da $M(s) = \frac{\xi(s)}{\xi(s+1)}$ eine Polstelle bei $s = 1$ besitzt, folgt die Behauptung.

Der Fall $\nu_\Psi = 2$:
In diesem Fall ist $\Psi = (*,\ldots,*,-\Delta,\Delta)$. Für jedes $w \in W_\Psi$ im Bild von W_Ψ gilt

$$w(\Lambda_1,\ldots,\Lambda_r) = (\Omega_1(\Lambda),\ldots,\Omega_{r-2}(\Lambda),-\Lambda_r,\Lambda_1) \quad .$$

Mit w ist auch w^*

$$w^*(\Lambda_1,\ldots,\Lambda_r) = (\Omega_1(\Lambda),\ldots,\Omega_{r-2}(\Lambda),\Lambda_1,-\Lambda_r)$$

in W_Ψ. Man erhält $W_\Psi = \coprod_{w\in W_{\Psi'}} \{w,w^*\}$. Aus (117) folgt $M(w^*,\Lambda) = M(w,\Lambda)M_{\alpha_{r,1}}(\Lambda)$ für alle $w \in W_{\Psi'}$. Man erhält

$$\phi_\Psi(g) = \frac{1}{c(r)} \operatorname{Res} \sum_{w\in W_{\Psi'}} a(g)^{w\Lambda-\Psi}(1 + M_{\alpha_{r,1}}(\Lambda)(\frac{a_{r-1}}{a_r})^{\Lambda_1+\Lambda_r})M(w,\Lambda)\varphi_f$$

und

$$\lim_{s\to s_\Lambda} \phi_\Psi(g) = \text{const}(1 + \lim_{s\to 0}\frac{\xi(s)}{\xi(s+1)})\phi_{\Psi'} = 0$$

wegen $\lim_{s\to 0}\frac{\xi(s)}{\xi(s+1)} = -1$.

Damit ist die Holomorphie von $F(f,n,k)$ für $n = n_{\mathrm{krit}}$ bewiesen. Es bleibt die Holomorphie von $F(f,n',k)$ für $n' = n_{\mathrm{krit}} - 1$ und $f \in [\Gamma_j,\rho']_0^+$ zu zeigen. Letzteres folgt aus der Holomorphie von $F(f,n_{\mathrm{krit}},k)$ und (153) sowie der Holomorphie von $F(f,n',k)$ für alle $n' < n_{\mathrm{krit}} - 1$ mit einem Argument, welches analog zu dem bisher verwendeten ist. □

Für $k < \frac{n+j+1}{2}$ definiert also $F(f,n,k)$ eine holomorphe Modulform in $[\Gamma_n,\rho]$. Faßt man $M(\rho,\nu)$ als Operator von $\mathcal{E}_{\mathrm{hol}}[\rho',\rho] \xrightarrow{\sim} [\Gamma_j,\rho']_0$ auf, dann gilt

Lemma 15: *Es sei $k < \frac{n+j+1}{2}$ und $f \in [\Gamma_j, \rho']_0$. Dann besitzt die Klingensche Eisensteinreihe $K(g, \varphi_f, s)$ höchstens einen einfachen Pol bei $s = s_{\hat{\Lambda}}$. Für das Residuum $F = F(n, f, k) \in [\Gamma_n, \rho]$ gilt bei Anwendung des Siegelschen Φ-Operators*

$$\Phi^r F = c \prod_{\nu=|\Delta|+1}^{n-k} M(\rho, \nu) P_+ f$$

im Fall $k \geq j+1$ und

$$\Phi^r F = c' \prod_{\nu=|\Delta|+1}^{n-k} M(\rho, \nu) \operatorname*{Res}_{s|\Delta|} M(\rho, s) f$$

im Fall $k \leq j$ mit nicht verschwindenden Konstanten c und c', welche nur von n, j und k abhängen.

Beweis: Aus Satz 9 folgt für jedes Polynom $Q(s)$ die Holomorphie des Residuums

$$\operatorname*{Res}_{s=s_{\hat{\Lambda}}} Q(s) \; K(g, \varphi_f, s) \quad .$$

Die Polordnung von $K(g, \varphi_f, s)$ im Punkt $s = s_{\hat{\Lambda}}$ ist daher gleich der Polordnung des Terms $\phi_\Psi(g)$ für

$$\Psi = \Lambda^0 = (\Delta, \ldots, k-n)$$

im Punkt $s = s_{\hat{\Lambda}}$. Wegen

$$\Lambda^0 = (-\Delta, \ldots, n-k)$$

und Lemma 13 gilt

$$W_\Psi = \{\breve{w}\} \; , \; (\Delta < 0)$$

im Fall $k \leq j$ und

$$W_\Psi = \{\breve{w}, \overline{w}\} \; , \; (\Delta \geq 0)$$

im Fall $k \geq j+1$ mit

$$\overline{w}(\Lambda_1, \ldots, \Lambda_n) = (\Lambda_{2\Delta+1}, \ldots, \Lambda_1, -\Lambda_{2\Delta+2}, \ldots, -\Lambda_r) \quad .$$

Im ersten Fall folgt

$$\phi_\Psi = \frac{1}{c(r)} \operatorname{Res} a(g)^{w\Lambda - \Psi} M(\breve{w}, \Lambda) \varphi_f \quad .$$

Der Operator $M(\check{w},\Lambda)$ ist das Produkt aller Operatoren $M_{e_i-e_j}(\Lambda)(i>j)$ und $M_{\alpha_{ij}}(\Lambda)(i\geq j)$. Diese Operatoren sind bis auf die Operatoren $M_{e_i-e_j}(\Lambda), i=j+1$ und $M_{\alpha_{11}}(\Lambda)$ holomorph im Punkt $\check{\Lambda}$.
Nach [21], Seite 142 besitzt außerdem $M_{\alpha_{11}}(\Lambda)=M(\rho,\Lambda_1)$ höchstens eine einfache Polstelle im Punkt $\check{\Lambda}_1=|\Delta|>0$. Daraus folgt die Behauptung des Lemmas im Fall $k\leq j$.

Im Fall $k\geq j+1$ gilt

$$\phi_\Psi(g)=\frac{1}{c(r)}\operatorname{Res}[a(g)^{\overline{w}\Lambda-\Psi}M(\overline{w},\Lambda)+a(g)^{\check{w}\Lambda-\Psi}M(\check{w},\Lambda)]\varphi_f$$

$$=\frac{1}{c(r)}\operatorname{Res}A'(\Lambda)\prod_{i\geq 2\Delta+2}a_i(g)^{-\Lambda_i-\Psi}\phi_{\Psi'}(g)$$

mit

$$A'(\Lambda)=\prod_{\substack{i>j\\ i\geq 2\Delta+2}}M_{e_i-e_j}(\Lambda)\prod_{\substack{i\geq j\\ j\geq 2\Delta+2}}M_{\alpha_{ij}}(\Lambda)$$

wobei $\phi_{\Psi'}(g)$ der analoge Term im Fall $n'=n_{\mathrm{krit}}$ ist. Es folgt

$$\lim_{s\to s_{\check{\Lambda}}}(s-s_{\check{\Lambda}})\phi_\Psi(g)=\mathrm{const}\cdot B'\cdot P_+f$$

mit einer nicht verschwindenden Konstante und

$$B'=\lim_{\Lambda\to\check{\Lambda}}(\Lambda_1-\check{\Lambda}_1)\prod_{i\geq 2\Delta+2}[\alpha_i(\Lambda)-1]A'(\Lambda)\quad .$$

Dieser Limes existiert, da die Faktoren von $A'(\Lambda)$ außer $M_{e_i-e_j}(\Lambda), i=j+1\geq 2\Delta+2$ und $M_{\alpha_{ij}}(\Lambda)$ mit $i=2\Delta+2$ und $j=1$ holomorph im Punkt $\Lambda=\check{\Lambda}$ sind. Daraus folgt die Behauptung des Lemmas im Fall $j\geq k+1$. □

11 DAS HOLOMORPHE DISKRETE SPEKTRUM VON $L^2(\Gamma_n\backslash G)$

In diesem Abschnitt wird gezeigt, daß jede quadratintegrierbare holomorphe Modulform sich als eine Summe von Spitzenformen und Residuen von Klingenschen Eisensteinreihen schreiben läßt. Bei den Residuen der Klingenschen Eisensteinreihen handelt es sich dabei um die in (102) definierten Funktionen $F(f,n,k)$. Dies ist eine Präzisierung des allgemeinen Satzes 7 von Langlands, welche später unter anderem auch die Charakterisierung der stabilen Modulformen ermöglicht.

Wir definieren eine Zerlegung

$$[\Gamma_n,\rho] = \bigoplus_{r=0}^{n} [\Gamma,\rho]_r \quad .$$

Für $r = 0$ ist $[\Gamma_n,\rho]_0$ der Raum der Spitzenformen. Da das Petersson Skalarprodukt $< f,g >$ für alle $f \in [\Gamma_n,\rho]_0$ erklärt ist, erhält man eine Zerlegung $[\Gamma_n,\rho]_0 \oplus [\Gamma_n,\rho]'$ von $[\Gamma_n,\rho]$ mit $[\Gamma_n,\rho]' = \{g \in [\Gamma_n,\rho] \ : < f,g >= 0$ für alle $f \in [\Gamma_n,\rho]_0\}$. Die Räume $[\Gamma_n,\rho]_r, (r > 0)$ definiert man induktiv. Wir nehmen an, diese seien für $n-1$ erklärt. Dann ist

$$[\Gamma_n,\rho] = [\Gamma_n,\rho]' \cap \Phi^{-1}[\Gamma_{n-1},\rho']_{r-1} \, , \, (r>0) \quad .$$

Der Φ-Operator Φ^r definiert eine Inklusion von $[\Gamma_n,\rho]_r$ in $[\Gamma_j,\rho']_0$ für $j = n-r$.

Für alle $f \in [\Gamma_j,\rho']_0$ gilt

$$F(f,n,k) \in [\Gamma_n,\rho]_r \quad ,$$

falls der Eisensteinlift $F(f,n,k)$ eine holomorphe Modulform ist. Da $F(f,n,k)$ durch Residuenbildung aus $E(g,\varphi_f,\Lambda)$ gewonnen wird, folgt dies aus der Tatsache, daß $E(g,\varphi_f,\Lambda)_P$ orthogonal zu allen Spitzenformen auf $\Gamma_M\backslash M$ für alle $P \notin \{B_r\}$ ist.

Wie schon gezeigt wurde, ist der Eisensteinlift $F(f,n,k)$ immer eine holomorphe Modulform, wenn das Gewicht k von ρ die Ungleichung $k < \frac{n+j+1}{2}$ erfüllt. Wegen Lemma 9 gilt

Bemerkung: *Eine nicht verschwindende Modulform in $[\Gamma,\rho]_r$ ist genau dann quadratintegrierbar, wenn sie entweder eine Spitzenform ist ($r = 0$), oder wenn die Ungleichung $k < \frac{n+(n-r)+1}{2}$ für das Gewicht k von ρ erfüllt ist.*

Die Zuordnung $f \mapsto F(f,n,k)$ definiert wie bereits bemerkt für $k < \frac{n+j+1}{2}$ eine Abbildung von $[\Gamma_j,\rho']_0$ nach $[\Gamma_n,\rho]_r$. Diese ist surjektiv wegen

Satz 11: *Es sei ρ eine irreduzible Darstellung vom Gewicht $k < \frac{n+(n-r)+1}{2}$. Ist $r > 0$, dann ist jede Modulform F in $[\Gamma_n, \rho]_r$ ein Eisensteinlift $F(f, n, k)$ einer Modulform $f \in [\Gamma_{n-r}, \rho']_0$.*

Beweis: Die quadratintegrierbare Funktion $F \in [\Gamma_n, \rho]_r$ definiert bezüglich der Zerlegung (63) eine Funktion in $\mathcal{A}^2_{\{P\}}[\Gamma_n, \chi_\rho, \rho]$ für $P = B_r$. Dies folgt aus der Formel (91). Die Funktion F ist daher eine endliche Summe von Funktionen $F_i \in \mathcal{A}_{\{P\},\{V_i\}}[\Gamma_n, \chi_\rho, \rho]$. Da jedes F_i Residuum von Eisensteinreihen $E(g, \phi, \Lambda)$ mit $\phi \in \mathcal{E}(V_i, \rho)$ ist, folgt für den nullten Fourierkoeffizient von F_i

$$(160) \qquad (F_i)_{B_r} = \sum_{\Lambda_j} a(g)^{\Lambda_j} \phi_j(g)$$

mit $\phi_j(g) \in \mathcal{E}(V_i, \rho)$. Da F_i verschwindet, wenn (160) verschwindet, folgt erneut aus Formel (91)

$$F \in \mathcal{A}^2_{\{P\},\{V\}}[\Gamma_n, \chi_\rho, \rho] \ , \ V = \mathcal{E}(\mathcal{T}_\rho, \rho) \quad .$$

Die Funktion F ist daher nach Satz 7 eine Summe von Residuen von Eisensteinreihen $E(g, \phi, \Lambda)$ mit $\Phi \in \mathcal{E}[\rho', \rho]$. Wegen (91) und da die Operatoren $M(w, \Lambda)$ die Summanden der Zerlegung (78) auf sich abbilden, gilt ohne Einschränkung

$$(161) \qquad F = \sum_{\phi_i} \sum_{[\mathcal{H}] \in \Sigma} \mathrm{Res}_{[\mathcal{H}]}\, Q(\Lambda) E(g, \phi_i, \Lambda)$$

mit $\phi_i \in \mathcal{E}_{\mathrm{hol}}[\rho', \rho]$. Wegen Formel (57) und (91) ist ohne Einschränkung der Endpunkt Ψ jeder Sequenz $\mathcal{H}$ in (161) im $W(\mathbf{a}_r, \mathbf{a}_r)$ Orbit des Punktes

$$\Lambda^0 = (k, \dots, k) - \delta_{B_r} \quad .$$

Aus der Folgerung zu Satz 7 ergibt sich, daß man die Summanden von (161) mit festem Endpunkt Ψ einzeln betrachten kann. Jede dieser Teilsummen definiert eine holomorphe Modulform F_Ψ. Aus dem Beweis von Satz 9 folgt im Fall $\Psi = \check{\Lambda}$

$$F_\Psi = \mathrm{Res}_{[\check{\Lambda}]}\, Q(\Lambda) E(g, \varphi_f, \Lambda) = Q(\check{\Lambda}) F(f, n, k)$$

für ein geeignetes $f \in [\Gamma_j, \rho']_0$, da die Residuenbildung entlang $[\check{\Lambda}]$ nur an einfachen Polstellen der sukzessiven Residuen von $E(g, \varphi_f, \Lambda)$ erfolgt. Zum Beweis des Satzes genügt es daher zu zeigen, daß F_Ψ für alle $\Psi \neq \check{\Lambda}$ verschwindet.

Sei $\Phi = Q(\Lambda)\varphi, \varphi \in \mathcal{E}_{\text{hol}}(\rho', \rho)$. Entwickelt man Φ in eine Potenzreihe $d\Phi$ mit Werten in $\mathcal{E}(\rho', \rho)$ und setzt man

$$E(g, d\Phi, \Psi) = \sum_{\substack{[\aleph] \in \Sigma \\ \text{mit Endpunkt } \Psi}} \text{Res}_{[\aleph]} \, Q(\Lambda) E(g, \phi, \Lambda) \quad ,$$

dann ist der nullte Fourierkoeffizient von $E(g, d\Phi, \Psi)$ entlang $P = B_r$ gleich

$$\sum_{\substack{w \in W(\mathfrak{a}_r, \mathfrak{a}_r) \\ w\Psi \text{ verschieden}}} a(g)^{\delta_r + w\Psi} \varphi_w \quad .$$

Definiert man

$$\mathcal{M}(w, \Psi) d\phi =: \varphi_w \quad ,$$

so erhält man eine Abbildung

$$\mathcal{M}(w, \Psi) : \text{Hom}(\text{Symm}^{\bullet} \mathbf{a}^*_{r,\mathbb{C}}, \mathcal{E}(\rho', \rho)) \to \text{Symm}^{\bullet} \mathbf{a}^*_{r,\mathbb{C}} \bigotimes \mathcal{E}(\rho', \rho) \quad .$$

Die Funktionen φ_w liegen in dem Tensorprodukt auf der rechten Seite. Hierbei ist jedes Element $P(\Lambda) \otimes \varphi \in \text{Symm}^{\bullet} \mathbf{a}^*_{r,\mathbb{C}} \otimes \mathcal{E}(\rho', \rho)$ aufzufassen als Funktion auf G:

$$(P \otimes \varphi)(g) = P(\log a(g)) \varphi(g)$$

Für zwei Punkte Ψ_1 und Ψ_2 sei $w(\Psi_1, \Psi_2)$ ein Element $w \in W(\mathbf{a}_r, \mathbf{a}_r)$ mit $w\Psi_1 = -\overline{\Psi}_2$. Auf die Wahl des Elementes kommt es nicht an. Wir bilden die Matrix

$$\mathcal{M} = (\mathcal{M}(t\breve{w}s^{-1}, s\breve{w}\breve{\Lambda}))_{s,t} \quad .$$

Die Indizes s und t durchlaufen die Substitutionen $w(\breve{\Lambda}, \Psi)$ für alle Ψ, welche einen Residuenbeitrag liefern. Diese Matrix ist selbstadjungiert. Es gilt

$$\mathcal{M}^* = (\mathcal{M}^*(s\breve{w}t^{-1}, t\breve{w}\breve{\Lambda}))_{s,t} \quad .$$

Wegen [21], Seite 191 und Seite 204 ist

$$\mathcal{M}^*(w, \Psi) = \mathcal{M}^*(w^{-1}, \overline{-w\Psi}) \quad ,$$

und daher für $w = w_{s,t} = t\breve{w}s^{-1}$

$$\begin{aligned} \mathcal{M}^* &= (\mathcal{M}^*(w_{s,t}^{-1}, w_{s,t} s\breve{\Lambda}))_{s,t} \\ &= (\mathcal{M}(w_{s,t}, -\overline{s\breve{\Lambda}}))_{s,t} \\ &= (\mathcal{M}(t\breve{w}s^{-1}, s\breve{w}\breve{\Lambda}))_{s,t} \\ &= \mathcal{M} \quad . \end{aligned}$$

Aus der Holomorphie der Funktionen $F_\Psi, \Psi = \check{\Lambda}$ folgt

$$\mathcal{M}_{\check{w},t} = 0$$

für $t \neq \check{w}$. Aus der Selbstadjungiertheit folgt

$$\mathcal{M}_{s,\check{w}} = 0 \quad , \quad (s \neq \check{w}) \quad .$$

Für $\Psi = s\check{w}\check{\Lambda} \neq \check{\Lambda}$ ist daher

$$(F_\Psi)_{B_r} = \sum_t a(g)^{\delta_r + t\check{\Lambda}} \mathcal{M}_{s,t}\varphi_f = 0 \quad ,$$

da wegen der Holomorphie von F_Ψ alle $\mathcal{M}_{s,t}\varphi_f$ für $t \neq \check{w}$ verschwinden. Daraus folgt $F_\Psi = 0$ für alle $\Psi \neq \check{\Lambda}$ und der Satz ist bewiesen. □

12 DER OPERATOR $M(\rho, s)$

Es sei $f \in [\Gamma_j, \rho']_0$ eine Spitzenform, welche **Eigenform** unter der vollen Heckealgebra $\mathcal{H}_j$ ist. Für die Adelgruppe $M_{\mathbf{A}}$ der symplektischen Gruppe $M = Sp_{2j}$ gilt $M_{\mathbf{A}} = M_{\mathbb{Q}} M K_{\mathbf{A}}$, wobei $K_{\mathbf{A}} = \prod_p K_p$ eine maximal kompakte Untergruppe von $M_{\mathbf{A}}$ ist. Das Produkt durchläuft alle Primzahlen p und die unendliche Stelle ∞. Dabei sei $K_p = Sp_{2j}(\mathbb{Z}_p)$ und $K_\infty = K$.

Die Modulform f definiert vermöge (38) eine Funktion $\tilde{\varphi}_f$ auf $M_\infty = Sp_{2j}(\mathbb{R})$, welche durch die Definition $\tilde{\varphi}_f(m) = \varphi_f(m_\infty k_\infty), m = \gamma m_\infty(k_\infty, \ldots, k_p, \ldots)$ mit $\gamma \in M_{\mathbb{Q}}, m_\infty \in M_\infty$ und $(k_\infty, \ldots, k_p, \ldots) \in K_{\mathbf{A}}$, auf $M_{\mathbf{A}}$ fortgesetzt werden kann. Die Funktion auf $M_{\mathbf{A}}$, die man auf diese Weise erhält, ist linksinvariant unter $M_{\mathbb{Q}}$ und wird im folgenden auch mit $\tilde{\varphi}_f$ bezeichnet.

Bemerkung: Es ist zweckmäßig anstelle der Gruppe M etc. auch die adjungierte Gruppe M/Z (Z Zentrum) zu betrachten. Diese wird im folgenden mit $\overline{M}$ bezeichnet. Da f eine Modulform zur vollen Modulgruppe ist, folgt für die Funktion $\tilde{\varphi}_f$ auf M_A: $\tilde{\varphi}_f(zm) = \varphi_f(m)$ für $z \in Z_{\mathbf{A}}$. Die Funktion $\tilde{\varphi}_f$ definiert daher eine Funktion auf $\overline{M}_{\mathbf{A}} = M_{\mathbf{A}}/Z_{\mathbf{A}}$.

Es sei $\mathbf{G} = \mathbf{Sp}_{2n}$ und $n = j + 1$. Jedes Eelement g_A aus der Adelgruppe G_A besitzt eine Zerlegung $g_A = n_A a_A m_A k_A$ mit n_A, a_A und m_A aus N_A, A_A, M_A (bezüglich der parabolischen Gruppe $\mathbf{P} = \mathbf{B}_1$).

Sei ρ eine Liftung von ρ'. Bezeichnet $|.|$ die Idealnorm auf $A_{\mathbf{A}}$, welche so normiert sei, daß sie den üblichen Absolutbetrag an der unendlichen Stelle liefert, dann setzt man analog zu (79)

$$F(g_{\mathbf{A}}, f, \Lambda) =: |a(g)_{\mathbf{A}}|^{\delta+\Lambda} \rho(k_\infty)^{-1} \iota \tilde{\varphi}_f(m_{\mathbf{A}}) \quad .$$

Diese Funktion ist wohldefiniert.

Ist $\mathbf{B}$ eine über $\mathbb{Q}$ definierte Borelgruppe von $\mathbf{G}$, dann gilt $G_{\mathbb{Q}} = B_{\mathbb{Q}} G_{\mathbb{Z}}$. Dies ist äquivalent mit der Tatsache, daß $G_{\mathbb{Z}}$ transitiv auf den Spitzen von G operiert: $B_{\mathbb{Q}} \backslash G_{\mathbb{Q}} / G_{\mathbb{Z}} = \{1\}$. Es folgt daher $G_{\mathbb{Q}} = P_{\mathbb{Q}} G_{\mathbb{Z}}$ für jede parabolische Untergruppe von G. Letzteres hat zur Konsequenz, daß die Eisensteinreihe

$$E(g, f, \Lambda) = \sum_{\gamma \in P_{\mathbb{Q}} \backslash G_{\mathbb{Q}}} F(\gamma g, f, \Lambda)$$

für $g \in G_\infty$ mit der Eisensteinreihe $E(f, \varphi_f, \Lambda)$ übereinstimmt. Der nullte Fourierkoeffizient von $E(g,f,\Lambda)$ entlang $P = B_1$ ist

$$(163)\qquad \int_{N_{\mathbb{Q}}\backslash N_{\mathbb{A}}} E(ng,f,\Lambda)dn = \sum_{\gamma\in P_{\mathbb{Q}}\backslash G_{\mathbb{Q}}/N_{\mathbb{Q}}} \int_{\gamma^{-1}P_{\mathbb{Q}}\gamma\cap N_{\mathbb{Q}}\backslash N_{\mathbb{A}}} F(\gamma ng,f,\Lambda)dn \quad .$$

Verwendet man die Bruhatzerlegung von $G_{\mathbb{Q}}$, dann läßt sich jedes $\gamma \in P_{\mathbb{Q}}\backslash G_{\mathbb{Q}}/N_{\mathbb{Q}}$ in der Form $\gamma = w\gamma'$ schreiben mit einem Element $\gamma' \in P_{\mathbb{Q}}$ und einem Element w in der Weylgruppe $W = W(\mathbf{a}_n, \mathbf{a}_n)$. Benutzt man die Tatsache, daß f eine Spitzenform ist, so kann man zeigen, daß nur für $w = 1$ und ein einziges weiteres $w \in W$ mit $wPw^{-1} = P^{\mathrm{opp}}, wMw^{-1} = M$ das Integral in (163) einen nicht verwschwindenden Beitrag liefert. Normiert man das Haarmaß dn von $N_{\mathbb{A}}$ so, daß $\mathrm{vol}(N_{\mathbb{Q}}\backslash N_{\mathbb{A}}) = 1$ ist, dann ist (163) gleich

$$F(g,f,\Lambda) + \sum_{\gamma\in P_{\mathbb{Q}}\backslash P_{\mathbb{Q}} wB_{\mathbb{Q}}/N_{\mathbb{Q}}} \int_{\gamma^{-1}P_{\mathbb{Q}}\gamma\cap N_{\mathbb{Q}}\backslash N_{\mathbb{A}}} F(\gamma ng,f,\Lambda)dn$$

mit dieser Substitution w. Die Substitution w kann man also so wählen, daß mit den Beziehungen (73) w dem Paar

$$\begin{pmatrix} A & B \\ C & D \end{pmatrix} = \begin{pmatrix} E & 0 \\ 0 & E \end{pmatrix} \quad \text{und} \quad \begin{pmatrix} \tilde{A} & \tilde{B} \\ \tilde{C} & \tilde{D} \end{pmatrix} = \begin{pmatrix} 0 & -1 \\ 1 & 0 \end{pmatrix}$$

entspricht. Dann gilt daher sogar $wmw^{-1} = m$ für alle $m \in M$. Außerdem gilt $P_{\mathbb{Q}}\backslash P_{\mathbb{Q}} wB_{\mathbb{Q}}/N_{\mathbb{Q}} = \{w\}$ und $w^{-1}P_{\mathbb{Q}} w \cap N_{\mathbb{Q}} = \{1\}$. Man erhält daher für (163)

$$F(g,f,\Lambda) + \int_{N_{\mathbb{A}}} F(wng,f,\Lambda)dn \quad .$$

Das Integral ist bestimmt durch seine Werte für $g = amk \in A_{\mathbb{A}}M_{\mathbb{A}}K_{\mathbb{A}}$. Wir spezialisieren auf solche Werte. Wegen $wnamk = a^{-1}mwn'k$ ist das Integral gleich

$$|a|^{2\delta} \int_{N_{\mathbb{A}}} F(a^{-1}mwn'k,f,\Lambda)dn' = |a|^{\delta-\Lambda} \int_{N_{\mathbb{A}}} F(mwnk,f,\Lambda)dn \quad .$$

Es folgt für $g \in G_\infty$ mit $a(g) = 1$, daß der Operator $M(\Lambda) = M(\rho,\Lambda)$ aus (119) gegeben ist durch

$$(164)\qquad M(\rho,\Lambda)\varphi_f(g) = \int_{N_{\mathbb{A}}} F(mwnk,f,\Lambda)dn \quad .$$

$M(\rho,\Lambda)$ operiert daher auf $\mathcal{E}[\rho',\rho]$. Die rechte Seite von (164) ist

$$\rho(k)^{-1}\int_{N_{\mathbb{A}}}|a'|^{\delta+\Lambda}\rho(k_{mwn,\infty})^{-1}\iota\tilde{\varphi}_f(m_{mwn})dn$$

für $mwnk = a'n'm_{mwn}k_{mwn}k$. Ohne Einschränkung ist nun $k=1$. Für $k\in K_M$ gilt

$$\int_{N_{\mathbb{A}}}F(mkwn)dn = \int_{N_{\mathbb{A}}}F(mwn'k)dn' \quad .$$

Es folgt, daß Rechtstranslation von $M(\rho,\Lambda)\tilde{\varphi}_f(m)$ mit $k\in K_M$ eine Darstellung von K_M aufspannt, welche zu der von den Rechtstranslaten von $\tilde{\varphi}_f(m)$ aufgespannten Darstellung von K_M isomorph ist. Daher respektiert der Operator $M(\rho,\Lambda)$ die Summenzerlegung (78).

Ohne Einschränkung ist für die Berechnung des Integrals $g\in M_{\mathbb{A}}$. Es gilt

$$\int_{N_{\mathbb{A}}}F(wnm)dn = \int_{N_{\mathbb{A}}^{opp}}F(mnw)dn \quad .$$

Die p-adische Integration ($p\neq\infty$) liefert

$$\int_{N_p}F(m^p m_p w_p n_p, f,\Lambda)dn_p = M_p(s)F(m^p m_p, f,\Lambda)$$

für $M^p\in\prod_{\ell\neq p}G_\ell$ und $\Lambda = 2\delta_P s = 2ns$. Es sei Σ_N die Menge der Wurzeln der Liealgebra von N und $\check{\alpha} = \frac{2\alpha}{(\alpha,\alpha)}$. Mittels der Killingform (,) kann man $\check{\alpha}$ als Element von $\mathrm{Hom}(L,\mathbb{Z})$ auffassen, wenn L das von allen Wurzeln erzeugte Gitter ist. Da f eine Eigenform der Heckealgebra ist, folgt aus [23], Seite 41

$$M_p(s) = \prod_{\alpha\in\Sigma_N}(1-\frac{1}{p^{(\check{\alpha},\mu_p(s))+1}})(1-\frac{1}{p^{(\check{\alpha},\mu_p(s))}})^{-1} \quad .$$

Nach [23] erhält man $\mu_p(s)$ auf folgende Weise:

$$\mu_p(s) = {}^\circ\mu_p + 2\delta_p s$$

und ${}^\circ\mu_p$ ist bestimmt durch den Charakter ω der p-adischen Heckealgebra $(\mathcal{H}_{\overline{M}})_p$ der Gruppe $\overline{M_p}$, welcher durch $\tilde{\varphi}_f$ festgelegt ist. Genauer: Die Funktion $\tilde{\varphi}_f$ definiert eine automorphe Darstellung π der Gruppe $\overline{M_A}$. Es gilt $\pi = \bigotimes_p{}'\pi_p$ (eingeschränktes Tensorprodukt). Alle Darstellungen π_p sind für $p\neq\infty$ unverzweigt (sphärisch). Solche Darstellungen entsprechen unverzweigten Charakteren χ eines maximal zerfallenden Terms T

von M. Unverzweigtheit des Charakters χ bedeutet, daß χ über $T(\mathbb{Q}_p)/T(\mathbb{Z}_p)$ faktorisiert. Es gibt einen solchen Charakter χ derart, daß der Charakter ω der Heckealgebra des sphärischen Vektors von π_p gleich dem Charakter des sphärischen Vektors der induzierten Darstellung

$$\mathrm{Ind}_{\overline{B}_p}^{\overline{M}_p}(\chi)\ ,\ (\overline{B}_p \text{ Borelgruppe von } \overline{M}_p)$$

ist (χ sei trivial fortgesetzt auf die Borelgruppe).

Bemerkung: χ_1 und χ_2 definieren denselben Charakter der Heckealegebra, wenn $\chi_2 = \chi_1^w$ für ein w aus der Weylgruppe von $\overline{M}$.

Dem Charakter χ von T wird auf folgende Weise ein Element ${}^\circ\mu_p$ in $\mathrm{Lie}(T)^*_{\mathbb{C}} \hookrightarrow \mathrm{Lie}(T_{\overline{G}})^*_{\mathbb{C}}$ zugeordnet:

Ist $\log_p$ der Logarithmus zur Basis p, dann ist

$$\log_p \chi(t)$$

eine lineare Abbildung von $T(\mathbb{Q}_p)/T(\mathbb{Z}_p)$ nach $\mathbb{C}/(\ln p)^{-1}2\pi i\mathbb{Z}$. Diese läßt sich als $\mathbb{C}$-Linearkombination

$$\sum c_\alpha \log_p |\alpha(t)|_p$$

schreiben, wobei $\alpha : T(\mathbb{Q}_p) \to \mathbb{Q}_p^*$ die einfachen Wurzeln von M durchläuft und $|.|_p$ der p-adische Absolutbetrag von $\mathbb{Q}_p$ ist. Dies definiert (auf nicht eindeutige Weise) ein Element

$${}^\circ\mu_p = \sum c_\alpha\, \alpha \in \mathrm{Lie}(T)^*_{\mathbb{C}} \quad .$$

Das Element ${}^\circ\mu_p$ hängt sowohl von der Wahl von χ als auch von der Wahl der c_α ab. Wurde allerdings χ festgewählt, dann hängt $p^{\langle\check{\alpha},{}^\circ\mu_p\rangle}$ nicht mehr von der Wahl von ${}^\circ\mu_p$ ab. Dies folgt aus der Tatsache, daß im Fall der adjungierten Gruppe $\overline{M}$ das Wurzelgitter L mit dem Gitter $X(T)$ aller algebraischen Charaktere von T übereinstimmt. Daher ist $\mathrm{Hom}(L,\mathbb{Z}) = \mathrm{Hom}(X(T),\mathbb{Z})$. Die Gruppe $\mathrm{Hom}(X(T),\mathbb{Z})$ wird erzeugt von den λ_t mit $t \in T$.

$$\lambda_t(\chi) = \log_p |\chi(t)|_p \in \mathbb{Z} \quad .$$

Im vorliegenden Fall ist $\Sigma_N = \{e_n - e_1, \ldots, e_n - e_{n-1}, e_n + e_1, \ldots, e_n + e_{n-1}, 2e_n\}$ und $\delta_p = ne_n$. Es gilt $\check{\alpha} = \frac{1}{2}\alpha$ für $\alpha = 2e_n$ und $\check{\alpha} = \alpha$ sonst. Das Element ${}^\circ\mu_p$ schreibt sich in der Form

$${}^\circ\mu_p = \sum_{\nu=1}^{n-1} {}^\circ\mu_p{}^{(\nu)} e_\nu \quad .$$

Setzt man $\alpha_{\nu,p} = p^{\circ\mu_p^{(\nu)}}$, dann folgt

$$M_p(\Lambda) = \frac{\zeta_{f,p}(\Lambda)}{\zeta_{f,p}(\Lambda+1)}$$

mit

$$\zeta_{f,p}(\Lambda) = (1-p^{-\Lambda})^{-1} \prod_{\nu=1}^{j} (1-\alpha_{\nu,p} p^{-\Lambda})^{-1} (1-\alpha_{\nu,p}^{-1} p^{-\Lambda})^{-1} \quad .$$

Diese definiert die L-Funktion

$$\zeta_f(\Lambda) = \prod_{p \neq \infty} \zeta_{f,p}(\Lambda)$$

der Eigenform f. Es folgt

$$(165) \qquad \int_{N_{\mathbb{A}}} F(mwn, f, \Lambda) dn = \frac{\zeta_f(\Lambda)}{\zeta_f(\Lambda+1)} \int_{N_\infty} F(mwn, f, \Lambda) dn \quad .$$

Das Eulerprodukt $\zeta_f(\Lambda)$ und die Produktdarstellung des Integrals konvergieren für $\mathrm{Re}(\Lambda) > n = j+1$. Dies folgt aus den Abschätzungen der Koeffizienten $\alpha_{\nu,p}$, welche in [23] gezeigt wurden. Vergleiche [1]. Insbesondere erhält man als

Folgerung: $\zeta_f(\Lambda) \neq 0$ für $\mathrm{Re}(\Lambda) > j+1$.

Es bleibt das Integral $\int_{N_\infty} F(mwn, f, \Lambda) dn$ zu untersuchen. Sei allgemein (H, π) eine irreduzible unitäre Darstellung der Gruppe $\overline{M_\infty} = \overline{M}$. In unserer Anwendung wird es sich um die irreduzible Darstellung von $\overline{M_\infty}$ handeln, welche von $\tilde{\varphi}_f$ in $L^2(M_{\mathbb{Q}} \backslash M_{\mathbb{A}})$ aufgespannt wird. Es bezeichne $\overline{G}$ die adjungierte Gruppe von G und $\overline{P}$ das Bild von $P = AM_P N$, analog $\overline{A}, \overline{N}$ und $\overline{K}$ das Bild von A, N und K sowie $\overline{M}$ die adjungierte Gruppe des Bildes $\overline{M_P}$ von M_P. Wie bisher ist dabei P die parabolische Untergruppe B_1 von G.

Es sei

$$H_\Lambda = \mathrm{Ind}_{\overline{M_P}\,\overline{AN}}^{\overline{G}} (\pi \otimes a^\Lambda \otimes 1)$$

der Raum aller Funktionen $\psi : \overline{G} \to H$, deren Einschränkung auf $\overline{K}$ eine quadratintegrierbare Funktion $||\Psi(k)||_H$ auf K definieren, und welche

$$\psi(mnag) = a^{\delta+\Lambda} \pi(m) \psi(g) \ , \ g \in \overline{G}$$

für alle $a \in \overline{A}, n \in \overline{N}$ und $m \in \overline{M_p}$ erfüllen. Hierbei sei die Darstellung π von $\overline{M}$ in offensichtlicher Weise zu einer Darstellung von $\overline{M_p}$ fortgesetzt.

Es ist wohbekannt, daß Rechtstranslation eine zulässige Darstellung π_Λ von $\overline{G}$ auf H_Λ definiert

$$\pi_\Lambda(g_0)\Psi(g) = \Psi(gg_0) \quad .$$

Die Berechnung des Integrals $\int_{N_\infty} F(mwn, f, \Lambda)dn$ reduziert sich (als ein Spezialfall) auf die Berechnung des Operators

$$M_\infty(\Lambda) : \mathrm{Ind}_{\overline{M}_p\overline{AN}}^{\overline{G}}(\pi \otimes a^\Lambda \otimes 1) \longrightarrow \mathrm{Ind}_{\overline{M}_p\overline{AN}}^{\overline{G}}(\pi^w \otimes a^{-\Lambda} \otimes 1)$$
$$\Psi(g) \longmapsto \int_{N_\infty} \Psi(wng)dn \quad .$$

Der durch das Integral definierte Operator $M_\infty(\Lambda)$ besitzt eine meromorphe Fortsetzung auf die ganze komplexe Ebene. Siehe [17],[18].

Bemerkung: Im vorliegenden Fall gilt $\pi^w = \pi$.

Da ρ als Liftung von ρ' gewählt wurde, erhält man in der zu (78) analogen Zerlegung des Raumes $(H_\Lambda)_{\rho^*}$

$$(H_\Lambda)_{\rho^*} \xrightarrow{\sim} \bigoplus_{\rho''}(H \otimes V_{\rho''})^{K_{\overline{M}}} \otimes \mathrm{Hom}_{K_{\overline{M}}}(V_{\rho''}, V_\rho) \otimes V_{\rho^*} \quad ,$$

wobei ρ'' alle Isomorphieklassen irreduzibler Darstellungen von $K_{\overline{M}}$ durchläuft, für den Summand mit $\rho'' = \rho'$

$$(H \otimes V_{\rho'})^{K_{\overline{M}}} \otimes \mathrm{Hom}_{K_{\overline{M}}}(V_{\rho'}, V_\rho) \otimes V_{\rho^*} \xrightarrow{\sim} V_{\rho^*} \quad . \tag{166}$$

Es gilt nämlich $\dim_{\mathbb{C}} \mathrm{Hom}_{K_{\overline{M}}}(V_{\rho'}, V_\rho) = 1$, da ρ eine Liftung von ρ' ist. Außerdem enthält H die $K_{\overline{M}}$ isotypische Komponente $(V_{\rho'})^*$ mit Multiplizität 1. Es folgt

Lemma 16: *Ist $f \in [\Gamma_j, \rho']_0$ eine Eigenform der Heckealgebra, dann ist $M(\rho, \Lambda)\phi_f$ ein skalares Vielfaches von φ_f. Der Skalar hängt nur von den Eigenwerten der Heckalgebra und von der Liftung ρ von ρ' ab.*

Beweis: Dies ergibt sich aus (165),(166) und dem Schurschen Lemma, da der Operator $M_\infty(\Lambda)$ mit der Operation von $\overline{K}$ vertauscht und die zu (78) analoge Summenzerlegung respektiert. □

Lemma 17: *Ist ρ' sowie ρ die Darstellung* $\det^k$ *und $k \geq 0$ und gerade, dann ist*

$$M_\infty(\Lambda) = \pi^{\frac{2j+1}{2}} \frac{\Gamma(\frac{-\Lambda-k+1}{2})\Gamma(\frac{\Lambda}{2})\Gamma(\frac{\Lambda+\Delta+1}{2})}{\Gamma(\frac{-\Lambda+1}{2})\Gamma(\frac{\Lambda+k}{2})\Gamma(\frac{\Lambda-\Delta}{2})}\ , \ \Delta = k - j - 1$$

die Einschränkung von $M_\infty(\Lambda)$ auf den Teilraum $(H_\Lambda)_{\rho^*}$ von H_Λ.

Beweis: Es sei (H,π) eine irreduzible Darstellung von $\overline{M}$, welche von der Funktion $\tilde{\varphi}_f, f \in [\Gamma_j, \rho']_0$ in $L^2(M_{\mathbb{Q}}\backslash M_{\mathbb{A}})$ aufgespannt wird. Nach dem Casselman subrepresentation Theorem ist π in einer induzierten Darstellung

$$H \hookrightarrow \mathrm{Ind}_{B_{\overline{M}}}^{\overline{M}}(\chi) \text{ , } \chi \text{ Charakter von } B_{\overline{M}}$$

enthalten. Siehe [32]. Die Borelgruppe $B_{\overline{M}}$ von $\overline{M}$ besitzt die Langlandszerlegung $B_{\overline{M}} = M'A'N'$. Da das Gewicht k gerade ist, ist der Charakter χ trivial auf M' und N' und somit ein Charakter von A'. Ohne Einschränkung ist A' das Bild des maximalen Torus A_j in Sp_{2j} (Bezeichnungen wie in (70) mit j anstelle von n). Aus Lemma 6 folgt, daß der Charakter χ von der Form

$$\chi(\mathrm{Diag}(a_1,\ldots,a_j)) = \prod_{i=1}^{j} a_i^{k-i}$$

sein muß , da die Darstellung H einen Vektor $v \neq 0$ mit $E_- v = 0$ enthält. Durch doppelte Induktion erhält man das Diagramm

$$\begin{array}{ccc} \mathrm{Ind}_{\overline{M_P AN}}^{\overline{G}} \quad (\pi \otimes a^{\Lambda} \otimes 1) & \hookrightarrow & \mathrm{Ind}_{B_{\overline{G}}}^{\overline{G}}(\chi(\Lambda)) \\ M_\infty(\Lambda) \Big\downarrow & & \Big\downarrow M_\infty(w,\chi(\Lambda)) \\ \mathrm{Ind}_{\overline{M_P AN}}^{\overline{G}} \quad (\pi \otimes a^{-\Lambda} \otimes 1) & \hookrightarrow & \mathrm{Ind}_{B_{\overline{G}}}^{\overline{G}}(\chi(\Lambda)^w) \end{array} \quad . \tag{167}$$

Der Operator $M_\infty(\Lambda)$ ist die Einschränkung eines Operators $M_\infty(w,\chi(\Lambda))$. Siehe [18]. Hierbei bezeichnet $B_{\overline{G}}$ das Bild der Borelgruppe B_n von G in $\overline{G}$. Der Charakter $\chi(\Lambda)$ ist

$$\chi(\Lambda)(\mathrm{Diag}(a_1,\ldots,a_n)) = \chi(\mathrm{Diag}(a_1,\ldots,a_j))a_n^{\Lambda} \quad ,$$

und es gilt $\chi(\Lambda)^w = \chi(-\Lambda)$.

Aus der Theorie der regulären Darstellung von $\overline{K}$ auf $L^2(\overline{K})$ folgt, daß für die induzierten Darstellungen in (167) die ρ^* isotypische Komponente der Darstellung $\rho = \det^k$ von $\overline{K}$ genau eindimensional ist und von einem Vektor v_k aufgespannt wird. Dasselbe gilt für die isotypische Komponente der trivialen Darstellung von $\overline{K}$ für die induzierten Darstellungen auf der rechten Seite von (167). Diese wird von einem Vektor v_0 aufgespannt. Faßt man v_k als Funktion auf G auf, dann ist ohne Einschränkung

$$v_k(an\kappa) = a^{\delta}\chi_\Lambda(a)\rho(\kappa)^{-1} = J_\rho(g)^{-1}F(g,\underline{s}) \tag{168}$$

für alle $a \in A, n \in N, \kappa \in K$ (Isawazerlegung von G bezüglich $B = B_n$). Hierbei ist $F(g, \underline{s})$ die Funktion (25) und

$$\underline{s} = \underline{s}_\Lambda = (\underbrace{0, \ldots, 0}_{j}, n + \Lambda - k) \quad .$$

Es folgt bei geeigneter Wahl von v_0

$$(E_-^{[n]})^{\frac{k}{2}} v_k = \chi((E_-^{[n]})^{\frac{k}{2}}, \underline{s}_\Lambda) v_0 \quad .$$

Da $E = (E_-^{[n]})^{\frac{k}{2}}$ mit den Verkettungsoperatoren $M_\infty(\Lambda)$ und $M(w, \chi(\Lambda))$ vertauscht, folgt aus (167) und (168)

$$M(\det{}^k, \Lambda) = \frac{\chi(E, \underline{s}_\Lambda)}{\chi(E, \underline{s}_{-\Lambda})} c(\Lambda) \quad ,$$

wobei

$$c(\Lambda) = \pi^{\frac{2j+1}{2}} \frac{\Gamma(\frac{\Lambda}{2}) \prod_{i=1}^{j} \Gamma(\frac{\Lambda - (k-i)}{2}) \Gamma(\frac{\Lambda + (k-i)}{2})}{\Gamma(\frac{\Lambda+1}{2}) \prod_{i=1}^{j} \Gamma(\frac{\Lambda + 1 - (k-i)}{2}) \Gamma(\frac{\Lambda + 1 + (k-i)}{2})}$$

nach der Formel von Gindikin und Karpelevic die Wirkung des Operators $M(w, \chi(\Lambda))$ auf dem sphärischen Vektor v_0 ist. Siehe [23]. Wegen

$$c(\Lambda) = \pi^{\frac{2j+1}{2}} \frac{\Gamma(\frac{\Lambda}{2}) \Gamma(\frac{\Lambda - k + 1}{2}) \Gamma(\frac{\Lambda + k - j}{2})}{\Gamma(\frac{\Lambda+1}{2}) \Gamma(\frac{\Lambda - k + j + 1}{2}) \Gamma(\frac{\Lambda + k}{2})}$$

und

$$\frac{\chi(E, \underline{s}_\Lambda)}{\chi(E, \underline{s}_{-\Lambda})} = \frac{\Gamma(\frac{1}{2}(s_\Lambda)_n + \frac{k}{2} - \frac{n-1}{2}) \Gamma(\frac{1}{2}(s_{-\Lambda})_n - \frac{n-1}{2})}{\Gamma(\frac{1}{2}(s_\Lambda)_n - \frac{n-1}{2}) \Gamma(\frac{1}{2}(s_{-\Lambda})_n + \frac{k}{2} - \frac{n-1}{2})}$$

$$= \frac{\Gamma(\frac{\Lambda+1}{2}) \Gamma(\frac{-\Lambda - k + 1}{2})}{\Gamma(\frac{\Lambda - k + 1}{2}) \Gamma(\frac{-\Lambda + 1}{2})}$$

nach Lemma 4 folgt die Behauptung. □

Folgerung: *Ist ρ' und ρ isomorph zur Darstellung* $\det^k$ *und $k \geq 0$ und gerade sowie $\Delta = k - j - 1$, dann gilt:*

a) Ist $\Delta \geq 0$, dann besitzt $M_\infty(\rho, \Lambda)$ außer einfachen Nullstellen bei $\Delta, \Delta - 2, \Delta - 4, \ldots$ keine weiteren Pol- oder Nullstellen im Bereich $\mathrm{Re}(\Lambda) \geq 1$.

b) Ist $\Delta < 0$, dann besitzt $M_\infty(\rho, \Lambda)$ keine Pol- oder Nullstellen im Bereich $\mathrm{Re}(\Lambda) \geq |\Delta|$.

Nach diesen Rechnungen im skalaren Fall ($\rho' = \det^{k'}$) werden im Rest dieses Abschnittes einige Bemerkungen zum allgemeinen Fall beliebiger Darstellungen ρ' gemacht, allerdings unter der Voraussetzung, daß das Gewicht $k(\rho)$ der Liftung ρ von ρ' groß ist, das heißt, daß $k(\rho') \geq j+1$ ist und daß $k(\rho) \geq j$ ist. Vergleiche mit Lemma 1 und Lemma 2.

Es sei $\pi = \pi_{\rho'}$ die automorphe Darstellung der Gruppe $\overline{M}$ in $L^2(\overline{M}_{\mathbb{Q}} \backslash \overline{M}_A)$, welche von $\tilde{\varphi}_f$ (f in $[\Gamma_j, \rho']_0$) aufgespannt wird. Die Bedingung $k(\rho') \geq j+1$ ist äquivalent damit, daß $\pi_{\rho'}$ eine Darstellung der sogenannten **holomorphen diskreten Serie** ist. Die verallgemeinerte **Ramanujanvermutung** (für die unendliche Stelle) würde vorhersagen, daß es keine nicht verschwindenden Spitzenformen $f \in [\Gamma_j, \rho']_0$ geben kann, welche ein Gewicht $k(\rho') < j$ haben. Es ist aber wohlbekannt, daß dies falsch ist. Gegenbeispiele konstruiert man leicht mit Hilfe von Thetareihen mit harmonischen Koeffizienten.

Wie wir gesehen haben, gibt es im Fall $k(\rho') \geq j+1$ mehrere mögliche Gewichte k für Liftungen F einer Modulform f in $[\Gamma_j, \rho']_0$. Siehe Lemma 1. Für die Berechnung der Operatoren

$$M(\rho, \Lambda)\varphi_f = \frac{\zeta_f(\Lambda)}{\zeta_f(\Lambda+1)} M_\infty(\rho, \Lambda)\varphi_f \tag{169}$$

(f Eigenform der Heckealgebra) kann man sich jedoch wegen des nächsten Lemmas auf eine ausgezeichnete Liftung ρ von ρ' beschränken.

Lemma 18: *Es seien ρ und $\tilde{\rho}$ Liftungen von ρ' vom Gewicht k und $k-2$. Ist $k \geq j+2$ und $n = j+1$, dann gilt für die Wirkung des Operators $M(\Lambda) = M(\rho, \Lambda)$ in (119) auf dem Raum $\mathcal{E}_{\mathrm{hol}}(\rho', \rho)$*

$$M(\rho, \Lambda) = \frac{n + \Lambda - k}{n - \Lambda - k} M(\tilde{\rho}, \Lambda) \quad .$$

Analog gilt

$$M_\infty(\rho, \Lambda) = \frac{n + \Lambda - k}{n - \Lambda - k} M_\infty(\tilde{\rho}, \Lambda) \quad .$$

Beweis: Wegen (169) genügt es die erste Behauptung zu zeigen. Diese folgt aus (107) für $r = 1$, indem man den Operator E_- auf die Eisensteinreihe anwendet. Man erhält für den nullten Fourierkoeffizient wegen $E_- E_P = (E_- E)_P$

$$= a^{n+\Lambda}(n + \Lambda - k)\varphi_f + a^{n-\Lambda}(n - \Lambda - k)M(\rho, \Lambda)\varphi_f$$
$$= (n + \Lambda - k)[a^{n+\Lambda}\varphi_f + a^{n-\Lambda}M(\tilde{\rho}, \Lambda)\varphi_f] \quad .$$

Daraus folgt die Behauptung. □

Lemma 19: *Ist ρ eine Liftung von ρ' vom Gewicht $k \geq j$, dann ist $M(\rho, \Lambda)$ holomorph für* $\mathrm{Re}(\Lambda) > 1$. *Im Bereich* $\mathrm{Re}(\Lambda) > 1$ *hat $M(\rho, \Lambda)$ Nullstellen an allen Punkten Λ_0, für die $\Lambda_0 + n - k$ null oder eine negative gerade Zahl ist.*

Beweis: Ist ρ eine Liftung von ρ' mit $|\Delta| \leq 1$, dann folgt die Behauptung aus Lemma 14. Den allgemeinen Fall führt man mit Lemma 18 darauf zurück.□

Lemma 20: *Es sei ρ' eine irreduzible Darstellung von $Gl_j(\mathbb{C})$ vom Gewicht $k(\rho') \geq j+1$ und ρ eine Liftung von ρ' vom Gewicht $k \geq j$. Dann besitzt $M_\infty(\rho, \Lambda)$ außer einfachen Nullstellen bei $\Lambda = \Delta, \Delta - 2, \Delta - 4, \ldots$ (für $\Delta = k - j - 1$) keine weiteren Pol- oder Nullstellen im Bereich* $\mathrm{Re}(\Lambda) \geq 1$.

Beweis: Man reduziert mit Lemma 18 sofort auf den Fall $k = j$ (j gerade) oder $k = j + 1$ (j ungerade). Es genügt, daß in diesen beiden Fällen $M_\infty(\rho, \Lambda)$ weder Polstellen noch Nullstellen im Bereich $\mathrm{Re}(\Lambda) \geq 1$ besitzt.

Daß keine Polstellen für $\mathrm{Re}(\Lambda) \geq 1$ vorhanden sind, folgt aus [24], Lemma 3.10 und 3.11. Dort wird gezeigt, daß für eine Darstellung $\pi_{\rho'}$ der holomorphen diskreten Serie ($k(\rho') \geq j+1$) der Operator

$$M_\infty(\Lambda) : \mathrm{Ind}_{\overline{M_P A N}}^{\overline{G}}(\pi_{\rho'} \otimes a^\Lambda \otimes 1) \to \mathrm{Ind}_{\overline{M_P A N}}^{\overline{G}}(\pi_{\rho'} \otimes a^{-\Lambda} \otimes 1), (\pi_{\rho'}^w = \pi_{\rho'})$$

für alle Λ mit $\mathrm{Re}(\Lambda) > 0$ ein nicht identisch verschwindender Verkettungsoperator ist, welcher für $\mathrm{Re}(\Lambda) > 0$ holomorph als Funktion von Λ ist. Insbesondere ist die Einschränkung $M_\infty(\rho, \Lambda)$ von $M_\infty(\Lambda)$ auf die ρ^* isotypische Komponente bezüglich $\overline{K}$ holomorph in diesem Bereich.

Sei andererseits Λ_0 eine Nullstelle von $M_\infty(\rho, \Lambda)$ im Bereich $\mathrm{Re}(\Lambda) \geq 1$. Analog zu Lemma 11a) zeigt man, daß die Multiplizität der isotypischen Komponente der Darstellung ρ^* von $\overline{K}$ in der induzierten Darstellung gleich 1 ist. Der Operator $M_\infty(\Lambda_0)$ ist nicht identisch null. Das Bild von $M_\infty(\Lambda_0)$ist daher eine Teildarstellung von $\overline{G}$ in der Darstellung $\mathrm{Ind}_{\overline{M_P A N}}^{\overline{G}}(\pi_{\rho'} \otimes a^{-\Lambda} \otimes 1)$, welche den K-Typ ρ^* nicht enthält.

Aus der **Voganklassifikation** der Darstellungen von $\overline{G}$ folgt, daß dies nicht der Fall sein kann. Nach [31] enthält das Bild von $M_\infty(\Lambda_0)$ den K-Typ ρ^* als "lambda lowest K type", wenn ρ die Liftung von ρ' vom Gewicht $k = j$ (bzw. $j + 1$) ist, je nachdem ob j oder $j + 1$ gerade ist. Dies folgt aus [31], thm.6.5.9b), thm.6.5.9d) sowie thm.6.6.9 und thm.6.6.15 .□

Als Korollar von Lemma 14 und der letzten Lemmata erhält man

Satz 12: *Sei $f \in [\Gamma_j, \rho']_0$ eine Eigenform der vollen Heckalgebra $\mathcal{H}_j$, dann besitzt die L-Funktion $\varsigma_f(s)$ eine meromorphe Fortsetzung auf die komplexe Ebene. Für* $\mathrm{Re}(s) > j+1$ *ist $\varsigma_f(s)$ von null verschieden. Gilt $k(\rho') \geq j+1$ für das Gewicht $k(\rho')$ der irreduziblen Darstellung ρ' von $Gl_j(\mathbb{C})$, dann sind $\varsigma_f(s)$ und $\frac{\varsigma_f(s)}{\varsigma_f(s+1)}$ holomorph im Bereich* $\mathrm{Re}(s) \geq 1$ *mit Ausnahme höchstens eines einfachen Poles bei $s = 1$. Ist $\rho' = \det^{k(\rho')}$ eine skalare Darstellung und $0 \leq k(\rho') \leq j$ ein gerades Gewicht, dann sind $\varsigma_f(s)$ und $\frac{\varsigma_f(s)}{\varsigma_f(s+1)}$ holomorph im Bereich* $\mathrm{Re}(s) \geq |\Delta|$, $(\Delta = k(\rho') - j - 1)$ *mit Ausnahme höchstens eines einfachen Poles bei $s = |\Delta|$.*

Die Aussagen des Satzes folgen durch analytische Fortsetzung aus der Formel

$$\varsigma_f(s) = \varsigma_f(s+1)\frac{M(\rho, s)}{M_\infty(\rho, s)}\ , \ (\rho \text{ geeignet}) \quad .$$

(Genau genommen steht auf der rechten Seite eine Einschränkung von $M(\rho, s)$ auf einen Teilraum.) Die Aussagen über die Polstelle ergeben sich aus der Tatsache, daß Pole von $M(\rho, s)$ für $\mathrm{Re}(s) > 0$ höchstens einfach sind und nur für reelles s möglich sind. Siehe [21], Seite 142.

Im Fall $k(\rho') \geq j+1$ muß man außerdem berücksichtigen, daß $M(\rho, \Lambda)$ regulär im Punkt $\Lambda = 1$ ist, wenn ρ eine Liftung von ρ' vom Gewicht k mit $\Delta = k - j - 1 = 1$ ist. Dies folgt, wie man sich leicht überlegt, aus Satz 8. □

13 STABILE LIFTUNGEN

In diesem Abschnitt werden diejenigen Modulformen in $[\Gamma_j, \rho']_0$ charakterisiert, welche stabile Liftungen besitzen. Diese Charakterisierung erfolgt mittels der im vorigen Abschnitt eingeführten L-Reihen. Zuvor wird ein spezieller Fall einer Liftungsobstruktion beschrieben, welche sich ohne L-Funktion allein in Termen von Modulformen formulieren läßt (Satz 13).

Liftet man Spitzenformen mit einem Liftungsgewicht $k \geq j+1$, dann ist nach Satz 8 der erste Fall, wo ein Liftungshindernis auftreten kann, der Fall $\frac{n+j+3}{2}$. Dies entspricht dem Wert $n = n_{\text{krit}} - 2$. Tatsächlich kann in diesem Fall vorkommen, daß es keine Liftung $F \in [\Gamma_n, \rho]$ einer vorgegebenen Modulform f in $[\Gamma_j, \rho']_0$ gibt. Existiert andererseits eine solche Liftung F von f $(\Phi^r F = f)$, dann kann man ohne Einschränkung annehmen, daß F im Raum $[\Gamma_n, \rho]_r$ liegt. Das Liftungshindernis im Fall $n = n_{\text{krit}} - 2$ wird daher durch folgenden Satz beschrieben.

Satz 13: *Es sei $k = \frac{n+j+3}{2}$ und ρ und $\tilde{\rho}$ seien Liftungen von ρ' vom Gewicht k bzw. $k-2$. Ist $r = n - j$, dann gilt*

$$[\Gamma_j, \rho']_0 = \Phi^r [\Gamma_n, \rho]_r \oplus \Phi^r [\Gamma_n, \tilde{\rho}]_r \quad , \quad (n = n_{\text{krit}} - 2) \ .$$

Diese Zerlegung ist orthogonal bezüglich des Petersson Skalarproduktes. Der Eisensteinlift $F = F(f, n, k)$ ist für $n = n_{\text{krit}} - 2$ eine holomorphe Modulform $F \in [\Gamma_n, \rho]$ genau dann, wenn f in $\Phi^r [\Gamma_n, \rho]_r$ liegt.

Beweis: Es sei $f \in [\Gamma_j, \rho']_0$ und φ_f^ρ und $\varphi_f^{\tilde{\rho}}$ seien die Funktionen in $\mathcal{E}[\rho', \rho]$ bzw. $\mathcal{E}[\rho', \tilde{\rho}]$, welche der Modulform f zugeordnet sind. Für die dazugehörigen Eisensteinreihen folgt aus (107)

$$E_{-}^{[r]} K(g, \varphi_f^\rho, s) = \chi(s) K(g, \varphi_f^{\tilde{\rho}}, s) \ , \ r = n - j \ .$$

Für die Liftungen ρ vom Gewicht $k = \frac{n+j+3}{2}$ gilt wegen (100)

$$s_\Lambda = k - \frac{n+j+1}{2} = 1 \ .$$

Aus $k = \delta_{P_r} + 1$ folgt

$$\begin{aligned} \chi(s) &= \prod_{i=1}^{r} (\delta_{P_r} + s - k + 1 - i) \\ &= \prod_{i=1}^{r} (s - i) \quad , \end{aligned}$$

und $\chi(s)$ hat eine einfache Nullstelle bei $s = 1$.

Für die Liftung $\tilde{\rho}$ vom Gewicht $\tilde{k} = k - 2$ gilt $\tilde{k} < \frac{n+j+1}{2}$ und wegen (100)

$$s_{\hat{\Lambda}} = -(\tilde{k} - \frac{n+j+1}{2}) = 1 \quad .$$

Es folgt daher

$$E_{-}^{[r]} K(g, \varphi_f^{\rho}, s_{\hat{\Lambda}}) = c \cdot \operatorname*{Res}_{s=s_{\hat{\Lambda}}} K(g, \varphi_f^{\tilde{\rho}}, s)$$

für eine Konstante $c \neq 0$ und somit

$$E_{-}^{[r]} F(f, n, k) = c F(f, n, \tilde{k}) \quad . \tag{170}$$

Die Modulform $F(f, n, \tilde{k})$ ist holomorph nach Satz 9 und liegt im Raum $[\Gamma_n, \tilde{\rho}]_r$. Aus dem Beweis von Satz 8 andererseits folgt, daß $E_{-}^{[r]} F(f, n, k) = 0$ die Holomorphie von $F(f, n, k)$ und damit $F(f, n, k) \in [\Gamma_n, \rho]_r$ impliziert. Aus (170) ergibt sich

$$\dim_{\mathbb{C}} [\Gamma_j, \rho']_0 \leq \dim_{\mathbb{C}} [\Gamma_n, \rho]_r + \dim_{\mathbb{C}} [\Gamma_n, \tilde{\rho}]_r$$

$$= \dim_{\mathbb{C}} \Phi^r [\Gamma_n, \rho]_r + \dim \Phi^r [\Gamma_n \tilde{\rho}]_r \quad .$$

Für die erste Behauptung des Satzes genügt es daher, daß die Teilräume $\Phi^r[\Gamma_n \rho]_r$ und $\Phi^r[\Gamma_n, \tilde{\rho}]_r$ orthogonal bezüglich des Petersson Skalarproduktes sind.

Beide Räume sind invariant unter der Operation der Heckealgebra. Da die Heckeoperatoren bezüglich des Petersson Skalarproduktes hermitesche Operatoren sind, ist auch das Orthokomplement von $\Phi^r[\Gamma_n, \tilde{\rho}]_r$ invariant unter Heckeoperatoren. Eine Modulform f in $\Phi^r[\Gamma_n, \rho]_r$ besitzt eine Zerlegung $f = f_{\tilde{\rho}}^{\perp} + f_{\tilde{\rho}}$ mit $f_{\tilde{\rho}}$ in $\Phi^r[\Gamma_n, \tilde{\rho}]_r$ und $f_{\tilde{\rho}}^{\perp}$ im Orthokomplement. Es genügt $f_{\tilde{\rho}} = 0$ zu zeigen. Ohne Einschränkung ist dabei $f \neq 0$ eine Eigenform der Heckealgebra. Aus $Tf = \mathbf{x}_T f \quad (T \in \mathcal{H}_j)$ folgt $T f_{\tilde{\rho}}^{\perp} - \mathbf{x}_T f_{\tilde{\rho}}^{\perp} = T f_{\rho} - \mathbf{x}_T f_{\rho}$. Daher ist $f_{\tilde{\rho}} \in \Phi^r[\Gamma_n, \tilde{\rho}]_r$ eine Eigenform von $\mathcal{H}_j$ zum selben Charakter wie f. Es genügt zu zeigen, daß dies nur dann der Fall sein kann, wenn $f_{\tilde{\rho}}$ verschwindet: Sei $\tilde{F} \in [\Gamma_n, \rho]_r$ mit $\Phi^r \tilde{F} = f_{\tilde{\rho}}$. Nach Satz 11 gibt es ein $g \in [\Gamma_j, \rho']_0$ mit $\tilde{F} = F(g, n, \tilde{k})$. Aus Lemma 15 und 15 folgt für Eigenformen g der Heckealgebra $\mathcal{H}_j$

$$\Phi^r F(g, n, \tilde{k}) = \text{const} \cdot g \quad .$$

Entwickelt man g in eine Summe von Eigenformen, dann folgt, daß man g ohne Einschränkung als konstantes Vielfaches von $f_{\tilde{\rho}}$ wählen kann. Das impliziert $F(f_{\tilde{\rho}}, n, \tilde{k}) \neq 0$ und daher wegen (170)

$$F(f_{\tilde{\rho}}, n, k) \notin [\Gamma_n, \rho] \quad .$$

Wegen Lemma 16 folgt daher auch

$$F(f, n, k) \notin [\Gamma_n, \rho] \quad .$$

Andererseits gibt es ein $F \in [\Gamma_n, \rho]_r$ mit $\Phi^r F = f$ nach Annahme. Aus den Überlegungen beim Beweis von Satz 8 folgt

$$(171) \qquad (F(f, n, k) - F)_P = a(g)^{\delta + \Psi} \phi_\Psi(g) \ , \ P = B_r$$

mit Ψ wie in (155). Die Bezeichnungen seien daher wie in (142). Aus dem Korollar [21], Seite 104 folgt wegen (171), daß $F(f, n, k) - F$ eine quadratintegrierbare automorphe Form ist. Diese liegt in $\mathcal{A}^2[\Gamma_n, \chi_\rho, \rho]$ und ist wegen Satz 6 holomorph. Damit ist auch $F(f, n, k)$ holomorph und man erhält einen Widerspruch.

Es bleibt die letzte Aussage zu zeigen. Diese folgt im wesentlichen aus der soeben bewiesenen Tatsache, daß $\Phi^r[\Gamma_n, \rho]_r$ und $\Phi^r[\Gamma_n, \tilde{\rho}]_r$ kein Eigenwertsystem von $\mathcal{H}_j$ gemeinsam haben können. Deswegen und wegen Lemma 15 ist die Zuordnung

$$\begin{aligned} \Phi^r[\Gamma_n, \rho]_r &\longrightarrow \Phi^r[\Gamma, \tilde{\rho}]_r \\ f &\longmapsto \Phi^r E_-^{[r]} F(f, n, k) \end{aligned}$$

die Nullabbildung. Für $f \in \Phi^r[\Gamma_n, \rho]_r$ ist daher $F(f, n, k)$ holomorph.

Aus der Formel für den nullten Fourierkoeffizient folgt, daß $F(f, n, k) \neq 0$ ist für alle f in $[\Gamma_j, \rho']_0$. Aus Dimensionsgründen ist daher die Abbildung

$$\begin{aligned} \Phi^r[\Gamma_n, \rho]_r &\longrightarrow [\Gamma_n, \rho]_r \\ f &\longmapsto F(f, n, k) \end{aligned}$$

ein Isomorphismus. Wäre $F(f, n, k)$ holomorph für ein $f \notin \Phi^r[\Gamma_n, \rho]_r$, dann gäbe es eine Modulform $g \in [\Gamma_j, \rho']_0$ mit $F(g, n, k) = 0$. Wie bereits erwähnt ist dies unmöglich. Damit ist der Satz gezeigt. □

Satz 14: *Es sei $f \in [\Gamma_j, \rho']_0$ eine nicht verschwindende Eigenform der Heckealgebra $\mathcal{H}_j$. Ist ρ eine stabile Liftung von ρ' vom Liftungsgewicht $k \geq j + 1$, dann ist f genau dann im Bild von $M_\infty(\rho)$, wenn*

$$f \in [\Gamma_j, \rho']_0^+ \quad \textit{(bezüglich } \rho\textit{)}$$

und

$$\varsigma_f(|\Delta| + 1) \neq 0 \quad ; \quad (\Delta = k - j - 1)$$

gilt.

Beweis: Besitzt f Liftungen $F_n \in [\Gamma_n, \rho]$ für alle $n > j$, dann sind diese wegen Satz 11 und Lemma 15 für $k < \frac{n+j+1}{2}$ notwendigerweise von der Gestalt $F_n = c_n F(f, n, k)$ für geeignete Konstanten $c_n \neq 0$. Daher ist f genau dann stabil liftbar, wenn diese $F(f, n, k)$ für alle großen n nicht verschwinden. Dies ist wegen Lemma 15 äquivalent zu

$$f \in [\Gamma_j, \rho']_0^+ \quad , \quad (\text{bezüglich } \rho)$$

und

$$\prod_{\nu=|\Delta|+1}^{N} M(\rho, \nu) \varphi_f \neq 0$$

für alle großen N. Letzteres ist nach (169) äquivalent zu

$$\prod_{\nu=|\Delta|+1}^{N} M_\infty(\rho, \nu) \cdot \frac{\varsigma_f(|\Delta|+1)}{\varsigma_f(N+1)} \neq 0 \quad .$$

Wegen $\Delta \geq 0$ sind nach Lemma 20 alle $M_\infty(\rho, \nu) \neq 0, \infty$. Gleiches gilt für $\varsigma_f(N+1)$ falls $N > j + 1$ ist, was ohne Einschränkung angenommen werden kann. Daher ist die zweite Bedingung äquivalent zu $\varsigma_f(|\Delta|+1) \neq 0$. $\square$

Ein analoges Argument liefert

Satz 15: *Es sei f eine Eigenform der Heckealgebra $\mathcal{H}_j$ in $[\Gamma_j, \rho']_0$. Ist $\rho' = \det^k$ und $0 \leq k \leq j$ sowie $k \equiv 0(2)$ und ρ die stabile Liftung von ρ' vom Gewicht k, dann sind äquivalent*

(i) f ist im Bild der stabilen Modulformen $M_\infty(\rho)$.

(ii) $\varsigma_f(s)$ besitzt eine Polstelle bei $s = |\Delta|$ für $\Delta = k - j - 1$.

Bemerkung: Insbesondere ist $\varsigma_f(s)$ regulär im Punkt $s = |\Delta|$ für $k \not\equiv 0(4)$.

Beweis: Wie beim Beweis von Satz 14 zeigt man die Äquivalenz von (i) und

$$(172) \qquad \text{(iii) } \operatorname*{Res}_{s=|\Delta|} M(\rho, s) \varphi_f \neq 0 \text{ und } \varsigma_f(|\Delta| + 1) \neq 0 \quad .$$

Die Äquivalenz von (ii) und (iii) folgt aus (169) und der Folgerung nach Lemma 17, wenn man berücksichtigt, daß $M(\rho, s)$ höchstens einen einfachen Pol bei $s = |\Delta|$ hat und regulär ist für $\mathrm{Re}(s) > |\Delta|$ nach Lemma 14. $\square$

Lemma 21: *Es sei ρ eine stabile Liftung von ρ' vom Liftungsgewicht k mit $\Delta = k - j - 1 \geq 2$. Dann ist f eine Eigenform der Heckealgebra $\mathcal{H}_j$ in $[\Gamma_j, \rho']_0$ mit $k \equiv 0(4)$ und $\varsigma_f(\Delta - 1) \neq 0$ im Bild der stabilen Modulform $M_\infty(\rho)$.*

Beweis: Der erste Schritt des Beweises besteht darin zu zeigen, daß $\varsigma_f(s)$ keine Nullstellen an den ganzzahligen Werten $s \geq \Delta - 1$ besitzt. Dazu wird nur verwendet

$$k \equiv 0(2) \quad \text{und} \quad \varsigma_f(\Delta - 1) \neq 0 \quad \text{mit} \quad \Delta - 1 \geq 1 \quad . \tag{173}$$

1. Behauptung: $\varsigma_f(s) \neq 0$ für s ganz und $s \geq \Delta - 1$.

Wegen Satz 12 ist dies eine Folge der Holomorphie von $\varsigma_f(s)/\varsigma_f(s+1)$ im Bereich $\mathrm{Re}(s) > 1$ falls wenigstens $\Delta - 1 > 1$ gilt. Es bleibt der Grenzfall $\Delta = 2$. Hier schließt man etwas anders. Anstelle von ρ betrachtet man die Liftung $\tilde{\rho}$ von ρ' vom Liftungsgewicht $\tilde{k} = k - 2$. Es gilt dann $\tilde{\Delta} = 0$.

Aus Lemma 14 folgt die Holomorphie von $M(\tilde{\rho}, s)$ für $\mathrm{Re}(s) > 0$. Insbesondere ist $M(\tilde{\rho}, 1) \neq \infty$. Aus Lemma 20 wissen wir andererseits $M_\infty(\tilde{\rho}, 1) \neq 0, \infty$, denn die Voraussetzungen von Lemma 20 sind wegen $k(\rho') \geq \tilde{k} = j + 1$ erfüllt. Aus Formel (169) für $M(\tilde{\rho}, s)$ folgt $\varsigma_f(2) \neq 0$ indem man $s = 1$ setzt, da nach Annahme $\varsigma_f(1) \neq 0$ ist. Aus $\varsigma_f(2) \neq 0$ und der Holomorphie von $\varsigma_f(s)/\varsigma_f(s+1)$ im Bereich $\mathrm{Re}(s) > 1$ folgt die Behauptung.

2. Behauptung: $\varsigma_f(s) \neq \infty$ für $s \geq \Delta - 1$.

Für $\Delta > 2$ folgt dies aus Satz 12. Für $\Delta = 2$ schließt man wieder durch Betrachtung der Liftung $\tilde{\rho}$. Die Behauptung folgt analog wie in der 1. Behauptung im wesentlichen aus $M(\tilde{\rho}, 1) \neq \infty$.

Liftungsvergleich: Wir betrachten nun die beiden Operatoren $\mathbf{M}^\rho$ und $\mathbf{M}^{\tilde{\rho}}$ definiert in (145) bezüglich der Liftungen ρ und $\tilde{\rho}$ von ρ' mit den Liftungsgewichten k und $\tilde{k} = k - 2$. Aus Lemma 18 folgt

$$\begin{aligned} \mathbf{M}^\rho &= \lim_{s \to 0} M(\rho, \Delta + s) M(\rho, \Delta - 1 + s) M(\rho, -\Delta - 1 + s) M(\rho, -\Delta + s) \mathbf{M}^{\tilde{\rho}} \\ &= \lim_{s \to 0} \frac{M(\rho, \Delta + s) M(\rho, \Delta - 1 + s)}{M(\rho, \Delta - s) M(\rho, \Delta - 1 - s)} \mathbf{M}^{\tilde{\rho}} \end{aligned} \tag{174}$$

wegen

$$\lim_{s \to 0} \prod_{i = 2 - \Delta}^{\Delta - 2} \frac{\Delta + i + s}{\Delta - i - s} = 1 \quad .$$

Wegen Formel (169) und dem einfachen Verhalten von $\varsigma_f(s)$ für $s \geq \Delta - 1$ folgt

$$\lim_{s\to 0} \frac{M(\rho,\Delta+s)M(\rho,\Delta-1+s)}{M(\rho,\Delta-s)M(\rho,\Delta-1-s)}$$

$$= \lim_{s\to 0} \frac{M_\infty(\rho,\Delta+s)M_\infty(\rho,\Delta-1+s)}{M_\infty(\rho,\Delta-s)M_\infty(\rho,\Delta-1-s)}$$

$$= -1 \quad .$$

Die letzte Gleichung ergibt sich aus Lemma 20, wonach $M_\infty(\rho, s)$ eine einfache Nullstelle bei $s = \Delta$ besitzt und weder eine Null- oder Polstelle bei $s = \Delta - 1$. Hierbei wird $\Delta - 1 \geq 1$ verwendet. Zusammenfassend erhält man die

Folgerung:

$$\mathbf{M}^\rho = -\mathbf{M}^{\tilde\rho} \quad .$$

Da außerdem nach der 1.Behauptung sowohl

$$\varsigma_f(|\tilde\Delta| + 1) \neq 0$$

als auch

$$\varsigma_f(|\Delta| + 1) \neq 0$$

gilt, liefert das Liftungskriterium von Satz 14 wegen (174), daß f entweder bezüglich der Liftung ρ oder bezüglich der Liftung $\tilde\rho$ stabil liftbar ist.

Nach Satz 1 muß aber das Gewicht einer stabilen Liftung von f durch 4 teilbar sein. Damit scheidet eine Möglichkeit von vorneherein aus. Wir berücksichtigen nun, daß wir außerdem $k \equiv 0(4)$ angenommen haben und daher wegen $\tilde k = k - 2$ der Fall einer Liftung $\tilde\rho$ ausscheidet. □

Dasselbe Argument liefert die folgende Variante von Satz 14

Satz 16: *Es sei $f \in [\Gamma_j, \rho']_0$ eine nichtverschwindende Eigenform der Heckealgebra $\mathcal{H}_j$. Es sei ρ eine stabile Liftung von ρ' vom Gewicht $k(\rho) \leq k(\rho') - 2$ falls $k(\rho') \equiv 0(2)$ und $k(\rho) \leq k(\rho') - 3$ sonst. Dann sind äquivalent*

i) f ist im Bild der stabilen Modulformen $M_\infty(\rho)$.

ii) Es gilt $k(\rho) \equiv 0(4)$ und $\varsigma_f(|\Delta| + 1) \neq 0$ für $\Delta = k(\rho) - j - 1$.

Beweis: i) $\Rightarrow$ ii) ist klar (Satz 1 und Satz 14). Zum Nachweis von ii) $\Rightarrow$ i) genügt nach Satz 14 daß $k(\rho) \equiv 0(4)$ impliziert $\mathbf{M}^\rho f = f$.

Wir wechseln nun die Bezeichnungen und benennen ρ um zu $\tilde{\rho}$ und betrachten zusätzlich die Liftung ρ vom Liftungsgewicht $k \le \tilde{k} + 2$ von ρ'. Diese Liftung existiert wegen der Annahmen $k(\tilde{\rho}) \le k(\rho') - 2$ resp. $k(\tilde{\rho}) \le k(\rho') - 3$. Wir sind nun in der Situation von Lemma 21. Insbesondere gilt $\tilde{\Delta} \ge 0$ und $\Delta \ge 2$ und $\zeta_f(\Delta - 1) \ne 0$. Der einzige Unterschied zu den Voraussetzungen von Lemma 21 besteht darin, daß $k \equiv 2(4)$ und $\tilde{k} \equiv 0(4)$ gilt. Der Beweis von Lemma 21 überträgt sich wörtlich bis auf den letzten Satz. Nun folgt nämlich im Unterschied zu dort, daß f stabil liftbar ist bezüglich $\tilde{\rho}$. Dies war aber gerade das ursprüngliche ρ. □

Zum Absclu§ geben wir nun die Beweise von Satz 3 und Satz 4, welche im 2.Kapitel formuliert werden.

Beweis von Satz 3 (Filtrierung):

Es seien die Bezeichnungen wie in Satz 3. Wegen Lemma 1, Lemma 2 reduziert man sofort auf den Fall

$$k(\rho') \ge j + 1 \quad k_1 \ge j \quad k_2 = k_1 + 4 \quad .$$

Es gilt $k_1 \equiv k_2 \equiv 0(4)$ nach Satz 1. Da das Bild der stabilen Modulformen $M_\infty(\rho_1)$ in $[\Gamma_j, \rho']_0$ eine Basis von Eigenformen der Heckealgebra besitzt, genügt es offenbar zu zeigen, daß jede Eigenform f der Heckealgebra im Bild von $M_\infty(\rho_1)$ stabil liftbar ist bezüglich der Liftung ρ_2 von ρ'. Nach Lemma 21 genügt wegen obiger Reduktion

$$\zeta_f(\Delta_1 - 1) \ne 0$$

auf Grund von $\Delta_2 \ge 3$.

Wir unterscheiden nun zwei Fälle: Im ersten Fall ist $k_1 \ge j + 1$. Aus Satz 14 folgt für f wegen der Annahme von Satz 3

$$\zeta_f(\Delta_1 + 1) \ne 0 \quad (|\, \Delta_1 \,| = \Delta_1) \quad .$$

Durch Umbenennung von ρ_1 in $\tilde{\rho}$ und die Betrachtung der Liftung ρ von ρ' vom Liftungsgewicht $k = k_1 + 2$ sind wir somit in der Situation (173) wegen $\Delta - 1 = \Delta_1 + 1$. Aus der dortigen Behauptung folgt wie benötigt $\zeta_f(\Delta_2 - 1) \ne 0$. Damit ist Satz 3 in diesem Fall gezeigt.

Es bleibt nur noch der interessante

Grenzfall: *Es sei* $f \in [\Gamma_j, \rho']_0$ *Eigenform der Heckealgebra* $\mathcal{H}_j$. *Es sei* $k(\rho') \geq j+1$ *und* ρ *die Liftung von* ρ' *vom Liftungsgewicht* j. *Dann sind äquivalent*

i) f *ist stabil liftbar bezüglich* ρ

ii) $\mathrm{Res}_{s=1} M(\rho, s) \neq 0$ *und* $\varsigma_f(2) \neq 0$

iii) $\varsigma_f(s)$ *besitzt eine einfachen Pol bei* $s = 1$.

Der Beweis ist völlig analog dem von Satz 15 wenn man Lemma 17 ersetzt durch Lemma 20. □

Ist daher nun $k_1 = j$, dann folgt aus der Annahme von Satz 3 die Gültigkeit von i) und daher nach ii)

$$\varsigma_f(2) \neq 0 \quad .$$

Da im Grenzfall $\Delta_2 = 3$ ist, bedeutet dies gerade $\varsigma_f(\Delta_2 - 1) \neq 0$, was aber gerade zu zeigen war. Damit ist Satz 3 vollständig bewiesen. □

Der Grenzfall ist gerade der Fall, der im Beispiel 2 im 2. Kapitel erläutert wurde. Anschaulich gesprochen wurde dort gezeigt, daß jede "generische" Eigenform f in $[\Gamma_j, \rho']_0$ mit $k(\rho') \geq j+1$ die Eigenschaft

$$\varsigma_f(1) \neq \infty$$

besitzt, also nicht bezüglich des Gewichtes j stabil liftbar ist. Daß es überhaupt Eigenformen f zur holomorphen diskreten Serie gibt mit der "pathologischen" Eigenschaft $\varsigma_f(1) = \infty$ ist nicht völlig auf der Hand liegend, folgt aber durch explizite Konstruktion von Thetareihen mit pluriharmonischen Polynomen P und quadratischen Formen S vom Rang $m = 2j$. Jede solche nichtverschwindende Thetareihe $\vartheta_{P,S}$ liefert durch Zerlegung in Eigenformen solche Beispiele. Für geeignete ρ' erhält man nichtverschwindende $\vartheta_{P,S}$ dieser Bauart mit einer Methode, welche auf Raghavan zurückgeht. Siehe [3].

Beweis von Satz 4: Da $[\Gamma_j, \rho']_0$ eine Basis von Eigenformen der Heckealgebra besitzt, genügt es zu zeigen, daß jede Eigenform f im Bild der stabilen Modulformen $M_\infty(\rho)$ ist. Satz 4 folgt jetzt aus Lemma 21, da $\varsigma_f(s) \neq 0$ im Konvergenzbereich $\mathrm{Re}(s) > j+1$ des Eulerproduktes gilt (Satz 12). Aus der Annahme $k \geq 2j+4$ folgt somit $\varsigma_f(\Delta - 1) \neq 0$ wegen $\Delta - 1 > j+1$. Damit ist der Spitzenformfall gezeigt. Den Fall der Standardliftung führt man durch sukzessives Anwenden des Φ-Operators auf den Spitzenformfall zurück. □

14 Die SIEGELSCHEN EISENSTEINREIHEN

In diesem Abschnitt behandeln wir den Fall der Siegelschen Eisensteinreihen, das heißt der Liftungen von der "unendlich fernsten Spitze". Es handelt sich um die in der Einleitung definierten Siegelschen Eisensteinreihen $E_k^{(n)}(Z,s)$. Insbesondere wird gezeigt, daß die analytische Form des Siegelschen Hauptsatzes auch für die durch Heckesummation erklärten Siegelschen Eisensteinreihen kleinen Gewichtes richtig ist.

Im Sinne der vorigen Kapitel betrachten wir also den Spezialfall $j = 0$, d.h. Liftungen der konstanten Funktion $f = 1$. Die Klingenschen Eisensteinreihen $K(g,\varphi_f,s)$ auf der symplektischen Gruppe $G = Sp_{2n}(I\!R)$ entsprechen in diesem Fall bis auf eine Variablentransformation gerade den Eisensteinreihen $E_k^{(n)}(Z,s)$ auf der oberen Halbebene $\mathbf{H}_n$.

Satz 17: *Für positives gerades k sind die Eisensteinreihen $E_k^{(n)}(Z,s)$ regulär bei $s = 0$. $E_k^{(n)}(Z,0)$ definiert eine holomorphe Modulform $E_k^{(n)}(Z)$, falls entweder $k \leq \frac{n+1}{2}$ oder falls $k > \frac{n+3}{2}$ ist. Für $k > \frac{n+3}{2}$ gilt $\Phi^n E_k^{(n)} = 1$.*

Zusatz: *Für $k = \frac{n+3}{2}$ ist $E_k^{(n)}(Z)$ holomorph genau dann, wenn $k \equiv 0(4)$ ist. Für $k \leq \frac{n+1}{2}$ ist $E_k^{(n)}(Z) \neq 0$ genau dann, wenn $k \equiv 0(4)$ ist.*

Beweis: Im Fall $k > \frac{n+3}{2}$ folgt die Behauptung aus Satz 8 und im Fall $k = \frac{n+1}{2}$ aus Satz 10.

Ist $k < \frac{n+1}{2}$, dann gilt

$$(175) \qquad \lim_{s\to 0} E_k^{(n)}(Z,s) = c \cdot \operatorname*{Res}_{s=0} E_k^{(n)}(Z, s + \frac{n+1-2k}{2})$$

mit einer Konstante $c \neq 0$. Die Begründung sei für einen Augenblick zurückgestellt.

Die rechte Seite von (175) entspricht dem Residuum $F(f,n,k)$ der Klingenschen Eisensteinreihe $K(g,\varphi_f,s)$ im Punkt $s = s_{\check{\Lambda}}$. Nach Satz 9 ist daher die rechte Seite von (175) eine holomorphe Modulform und insbesondere gilt $E_k^{(n)}(Z) \in [\Gamma_n, k]_n$. Da $[\Gamma_n, k]_n$ höchstens eindimensional ist, ist $E_k^{(n)}(Z)$ eine Eigenform der Heckeoperatoren. Man erhält für $f = 1$ $(j = 0)$ als L-Funktion die Riemannsche Zetafunktion $\zeta_f(s) = \zeta(s)$. Wegen Lemma 15 und Lemma 17 und da die Riemannsche Zetafunktion im Bereich $\mathrm{Re}(s) > 1$ nicht verschwindet, definiert $E_k^{(n)}(Z)$ für $k < \frac{n+1}{2}$ eine stabil liftbare holomorphe Modulform (bezüglich des Liftungsgewichtes k). Aus Satz 1 folgt daher

$$E_k^{(n)}(Z) = 0$$

im Fall $k \not\equiv 0(4), k < \frac{n+1}{2}$.

Ist andererseits $k \equiv 0(4)$, dann gilt

$$(176) \qquad [\Gamma_n, k]_n \neq 0 \quad .$$

Es genügt dazu, daß es eine Modulform $g \in [\Gamma_n, k]$ gibt mit $\Phi^n g \neq 0$. Man kann beispielsweise für g eine Thetareihe wählen. Wegen Satz 11 und (175) folgt aus (176), daß dann $E_k^{(n)}(Z)$ nicht identisch verschwinden kann.

Beweis von (175):

Setzt man $E(n, \frac{k}{2}, Z, u) = E_k^{(n)}(Z, u - \frac{k}{2})$, dann erhält man die Eisensteinreihe von [6]. Aus [6], (1178) und (1186) folgt die Invarianz von

$$A(n, \frac{k}{2}, u) E(n, \frac{k}{2}, Z, u)$$

bezüglich der Transformation $u \mapsto \frac{n+1}{2} - u$. Hierbei ist

$$A(n, \frac{k}{2}, u) = \prod_{\mu=0}^{n-1} (2u - \mu) \prod_{\nu=0}^{\frac{k}{2}-1} (u + v - \frac{\mu}{2}) \prod_{1 \leq \mu \leq \nu \leq n-1} F(2u - \frac{\nu + \mu}{2})$$

mit $F(s) = s(1-s)\xi(2s)$.

Die Funktion $A(n, \frac{k}{2}, u)$ besitzt eine $(\frac{k}{2} - 2)$-fache Nullstelle bei $u = \frac{k}{2}$ und eine $(\frac{k}{2} - 1)$-fache Nullstelle bei $u = \frac{n+1}{2} - \frac{k}{2}$. Daraus folgt (175).

Beweis des Zusatzes:

Der Fall $k < \frac{n+1}{2}$ wurde schon gezeigt. Der Fall $k = \frac{n+3}{2}$ ergibt sich als Spezialfall von Satz 13:

$$\mathbb{C} \cong \Phi^n [\Gamma_n, \frac{n+3}{2}]_n \oplus \Phi^n [\Gamma_n, \frac{n-1}{2}]_n \quad .$$

Da nach Satz 11 und (175) der Raum $[\Gamma_n, \frac{n-1}{2}]_n$ von der Eisensteinreihe $E_k^{(n)}(Z), k = \frac{n-1}{2}$ aufgespannt wird, folgt dieser Teil der Behauptung aus der entsprechenden Behauptung des Zusatzes im Fall $k < \frac{n+1}{2}$.

Es bleibt der Fall $k = \frac{n+1}{2}$. Hier wenden wir Satz 10 an. Es gilt

$$P_+ = \frac{1}{2}(1 + \mathbf{M})$$

$$\mathbf{M} = \lim_{s \to 0} \prod_{i=-\Delta}^{i=\Delta} M(k, s+i)$$

mit

$$M(k,s)=\frac{\xi(s)}{\xi(s+1)}\cdot\frac{(s-1)(s-3)\dots(s-k+1)}{(-s-1)(-s-3)\dots(-s-k+1)}\ .$$

Es folgt

$$\mathbf{M}=\lim_{s\to 0}\frac{\xi(s-\Delta)}{\xi(s+1+\Delta)}\cdot\lim_{s\to 0}\prod_{i=1-k}^{i=k-1}\frac{(s+i-1)\dots(s+i-k+1)}{(-s-i-1)\dots(-s-i-k+1)}$$

$$=(-1)^{\frac{k}{2}}$$

wegen $\Delta = k-1 \geq 1$. Die Behauptung folgt, da $E_k^{(n)}(Z)$ in diesem Fall genau dann verschwindet, wenn $\mathbf{M}=-1$ ist. □

Es sei $S_1,\dots,S_h$ ein Vertretersystem von unimodularen Äquivalenzklassen gerader positiver quadratischer Formen der Determinante 1 vom Rang $m=2k$. Es bezeichne m_μ die Ordnung der Einheitengruppe $E(S_\mu)$ der quadratischen Form S_μ und $\vartheta_{S_\mu}(Z)$ die zum konstanten Polynom $P=1$ gebildete Thetareihe.

Satz 18: *(Analytische Version des Siegelschen Hauptsatzes)*
Es sei $E_k^{(n)}(Z)=E_k^{(n)}(Z,0)$. Ist k positiv und $k\equiv 0(4)$, dann gilt

$$E_k^{(n)}(Z)\sum_{\mu=1}^{h}m_\mu^{-1}=c_k^{(n)}\sum_{\mu=1}^{h}m_\mu^{-1}\vartheta_{S_\mu}(Z)\quad .$$

Hierbei ist $c_k^{(n)}=2$ für $k\leq\frac{n+1}{2}$ und $c_k^{(n)}=1$ für $k>\frac{n+1}{2}$.

Beweis: Wegen Satz 17 und $k\equiv 0(4)$ ist $E_k^{(n)}(Z)\neq 0$ für $n=n_{\text{krit}}$ mit $k=\frac{n_{\text{krit}}+1}{2}$. Nach Satz 10 ist daher $E_k^{(n)}(Z)$ für alle $n<n_{\text{krit}}$ eine holomorphe Modulform. Für $n>n_{\text{krit}}$ ist $E_k^{(n)}(Z)$ holomorph wegen Satz 9 und (175).

Da $[\Gamma_n,k]_n$ höchstens eindimensional ist, ist $E_k^{(n)}\in[\Gamma_n,k]_n$ eine Eigenform der Heckealgebren $\mathcal{H}_{n,p}$ der symplektischen Gruppe für alle Primzahlen p.

Von Andrianov wurde gezeigt, daß zumindest im Fall $p\neq 2$ die gewichtete Thetareihe

$$\vartheta=\sum_{\mu=1}^{h}m_\mu^{-1}\vartheta_{S_\mu}(Z)$$

eine Eigenform der Heckealgebra $\mathcal{H}_{n,p}$ ist. Siehe [0], Thm.4.5.1 . Der dortige Beweis überträgt sich in der vorliegenden Situation auch auf den Fall $p = 2$, da das Lemma 4.2.2 in [0] in diesem Fall (Stufe $q = 1$) auch für $p = 2$ richtig bleibt. Die Thetareihe ϑ ist daher für alle Primzahlen p eine Eigenform der Heckealgebren $\mathcal{H}_{n,p}$.

Ist $g \in [\Gamma_n, k]$ eine Eigenform der Heckealgebren $\mathcal{H}_{n,p}$ für alle Primzahlen p mit der Eigenschaft $\Phi^n g \neq 0$, dann folgt aus dem Vertauschungsgesetz der Heckeoperatoren mit dem Φ-Operator für die "Satakeparameter" der Eigenform g

$$\alpha_{i,p} = p^{i-k} \quad ,$$

und daher für die L-Funktion selbst

$$\zeta_g(s) = \zeta(s) \prod_{i=1}^{n} \zeta(s+i-k)\zeta(s-i+k) \quad .$$

Siehe [0], Thm.4.5.1 . Es bleibt dem Leser überlassen nachzuprüfen, daß die Werte der Parameter $\alpha_{i,p}$ in der Definition der L-Funktion (definiert bis auf Konjugation unter der Weylgruppe) mit den Werten der Parameter in [0] übereinstimmen.

Als nächstes wird gezeigt, daß mit den Konstanten

$$\Phi^n \vartheta = \sum_{\mu=1}^{h} m_\mu^{-1} \neq 0$$

$$\Phi^n E_k^{(n)} = c_k^{(n)} \neq 0$$

die Gleichung

$$f = E_k^{(n)}(Z) \cdot \Phi^n \vartheta - \vartheta(Z) \cdot \Phi^n E_k^{(n)} = 0$$

gilt. Wäre $f \neq 0$, dann gäbe es wegen $\Phi^n f = 0$ ein j so, daß $\Phi^j f$ eine nichtverschwindende Spitzenform ist. Die obige Bemerkung angewandt auf die Eigenformen $\Phi^j E_k^{(n)}$ und $\Phi^j \vartheta$ zeigt, daß $\Phi^j E_k^{(n)}, \Phi^j \vartheta$ und damit auch $\Phi^j f$ Eigenformen der Heckealgebra $\mathcal{H}_{n-j,p}$ mit der zugehörigen L-Funktion

$$\zeta_{\Phi^j f}(s) = \zeta(s) \prod_{i=1}^{n-j} \zeta(s+i-k)\zeta(s-i+k)$$

sind. Aus dem folgenden Lemma ergibt sich daraus ein Widerspruch. Es folgt daher wie behauptet $f = 0$.

Lemma 22: *Sei $n \geq 1$ und k positiv sowie gerade. Dann gibt es keine nichtverschwindende Spitzenform $f \in [\Gamma_n, k]_0$ mit L-Funktionen $\varsigma_f(s) = \varsigma(s)\prod_{i=1}^{n}\varsigma(s+i-k)\varsigma(s-i+k)$.*

Beweis: Folgende Fälle werden getrennt untersucht.

1) Der Fall $k \geq n+1$: $\varsigma_f(s)$ hat einen Pol bei $s = k$ im Widerspruch zu Satz 12 wegen $k > 1$.

2) Der Fall $\frac{n+1}{2} < k \leq n$: $\varsigma_f(s)$ hat eine Pol bei $s = k$ im Widerspruch zu Satz 12 wegen $k > |\Delta| = -(k-n-1)$.

3) Der Fall $k = \frac{n+1}{2}$: $\varsigma_f(s)$ hat eine doppelte Polstelle bei $s = k$ im Widerspruch zur Tatsache, daß $\varsigma_f(s)$ nach Satz 12 höchstens eine einfache Polstelle bei $s = |\Delta| = \frac{n+1}{2} = k$ haben kann.

4) Der Fall $k = \frac{n}{2}$: $\varsigma_f(s)$ hat eine Polstelle bei $s = 1+n-k = |\Delta|$. Nach Satz 15 ist daher f eine Linearkombination der Thetareihen $\vartheta_{S_\mu}(Z)$. Wie Andrianov jedoch gezeigt hat, gibt es im Falle des Gewichtes $k = \frac{n}{2}$ keine nicht identisch verschwindende Spitzenform, welche eine Linearkombination der Thetareihen $\vartheta_{S_\mu}(Z)$ ist. Siehe Andrianov, On Siegel modular forms of genus n and weight $\frac{n}{2}$, Journal of the Faculty of Science, University of Tokyo, sec IA,vol.28,No.3,487-503(1982).

5) Der Fall $k \leq \frac{n-1}{2}$: Aus der Theorie der singulären Modulformen folgt, daß es in diesem Fall überhaupt keine nicht identisch verschwindende Spitzenform geben kann. [11]. □

Es bleibt die Berechnung der Konstante $c_k^{(n)}$. Der Fall $k > \frac{n+1}{2}$: Aus der Annahme $k > \frac{n+1}{2}$ folgt $k-1 = \max(|k-n|, \ldots, |k-1|)$. Die Gleichung

$$w\hat{\Lambda} = \Lambda^0 \ , \ w \in \tilde{W}(\mathbf{a}_n, \mathbf{a}_n) \quad ,$$

das heißt

$$w(k-n, \ldots, k-1) = (k-1, \ldots, k-n)$$

hat wegen Lemma 13 nur die Lösung $w = \hat{w}$. Da wir bereits wissen, daß $E_k^{(n)}$ holomorph ist, folgt aus (98)

$$c_k^{(n)} =: \Phi^n E_k^{(n)} = \frac{1}{c(n)} \lim_{\Lambda \to \hat{\Lambda}} \operatorname{Res} M(\hat{w}, \Lambda) = 1 \quad .$$

Der Fall $k \leq \frac{n+1}{2}$: Im Grenzfall $k = \frac{n+1}{2}$ folgt die Behauptung aus Satz 10. Im allgemeinen folgt die Behauptung aus den Überlegungen von Lemma 15 und der Funktionalgleichung

(175). Als Resultat einer längeren Rechnung, welche dem Leser überlassen bleiben soll, erhält man

$$c_k^{(n)} =: \Phi^n E_k^{(n)} = \frac{1}{c(n)} \lim_{\Lambda \to \hat{\Lambda}} [\operatorname{Res} M(\hat{w}, \Lambda) + \operatorname{Res} M(w', \Lambda)]$$
$$= 2$$

mit

$$w'(\Lambda_1, \ldots, \Lambda_n) = (-\Lambda_{l+1}, \ldots, -\Lambda_n, \Lambda_l, \ldots, \Lambda_1)$$

und $l = n + 1 - 2k$. □

Sei $f \in [\Gamma_n, k]$ eine holomorphe Modulform. Diese besitzt eine Fourierentwicklung

$$f(Z) = \sum_T a(T) e^{2\pi i \operatorname{Spur}(TZ)}$$

Es ist wohlbekannt, daß der $\mathbb{C}$-Vektorraum $[\Gamma_n, k]$ eine Basis von Modulformen f_i besitzt, deren Fourierkoeffizienten $a_i(T)$ alle rationale Zahlen sind. Jeder Automorphismus σ des Körpers der komplexen Zahlen definiert daher einen Automorphismus des Vektorraumes $[\Gamma_n, k]$. Dieser führt die Modulform $f(Z)$ über in

$$f^\sigma(Z) = \sum_T a(T)^\sigma e^{2\pi i \operatorname{Spur}(TZ)} \quad .$$

Die Heckealgebra $\mathcal{H}_n$ wird von den Operatoren $T(l), l \in \mathbb{N}$

$$(f \cdot T(l))(Z) = \sum_T \sum_D a(T) c_T(D) e^{2\pi i \operatorname{Spur}(l \cdot T \cdot Z[D^{-1}])}$$

erzeugt, wobei D über ein vollständiges Repräsentantensystem der unimodularen Linksnebenklassen

$$Gl(n, \mathbb{Z}) \text{ , } D \text{ ganz , } lD^{-1} \text{ ganz}$$

läuft. Die Konstante $c_T(D)$ ist

$$c_T(D) = \det(D)^{-k} \sum_{X \in X_D} e^{2\pi i \operatorname{Spur}(TX)} \quad ,$$

wobei

$$X_D = \{X \in \operatorname{Symm}^2(\mathbb{Q}^n)/\operatorname{Symm}^2(\mathbb{Z}^n) : X \cdot D \in M_{n,n}(\mathbb{Z})\} \quad .$$

Insbesondere ist die Konstante $c_T(D)$ eine rationale Zahl. Aus der expliziten Gestalt der Heckeoperatoren $T(l)$ sieht man, daß der Automorphismus σ von $[\Gamma_n, k]$ Eigenformen der Heckealgebra wieder in Eigenformen überführt.

Annahme: (i) f ist Eigenform der Heckealgebra $\mathcal{H}_n$.

(ii) Der nullte Fourierkoeffizient $a(0)$ von f ist eine nicht verschwindende rationale Zahl.

Folgerung: Alle Fourierkoeffizienten $a(T)$ von f sind dann rational.

Dies läßt sich natürlich auf die Eisensteinreihen $E_k^{(n)}$ für $k > \frac{n+3}{2}$ anwenden. Es ist klar, daß man sich im Hinblick auf Satz 18 hierbei auf die nicht durch 4 teilbaren Gewichte beschränken kann.

Beweis der Folgerung: Das Gewicht ist notwendig gerade und die L-Funktion $\varsigma_f(s)$ von f ist gegeben wie in Lemma 22. Dies folgt aus $\Phi^n f = a(0) \neq 0$.

Erfüllt f die Voraussetzungen (i) und (ii) der Annahme, dann auch alle $\phi^j f$ und alle f^σ sowie $\phi^j f^\sigma$. Ist $h = f - f^\sigma$, dann ist wegen $\Phi^n h = 0$ entweder $h = 0$ oder es gibt ein $j < n$ derart, daß $\Phi^j h$ eine nichtverschwindende Spitzenform ist. Letzteres steht im Widerspruch zu Lemma 22, da $\Phi^j h$ ein Eigenform der Heckealgebra ist mit demselben Eigenwertsystem wie $\Phi^j f$ und $\Phi^j f^\sigma$. $\Phi^j h$ ist nach Annahme eine nichtverschwindende Spitzenform und $\Phi^j f$ und $\Phi^j f^\sigma$ haben das Eigenwertsystem einer Eisensteinreihe. Es folgt daher $h = 0$ und damit $f = f^\sigma$. Das heißt, alle Fourierkoeffizienten von f sind rational. $\square$

Abschließend betrachten wir den Fall, wo die Eisensteinreihe $E_k^{(n)}$ nicht holomorph ist. Wir nehmen an $k = \frac{n+3}{2}$ und $k \not\equiv 0(4)$. Der Fall $n = 1$ ist klassisch und wir beschränken uns auf den Fall $n > 1$. Es bezeichne $\vartheta = (\Sigma m_\nu^{-1})^{-1} \sum_{\nu=1}^h m_\nu^{-1} \vartheta_{S_\nu}$. Die Summe durchläuft ein Vertretersystem S_ν der positiven, geraden unimodularen quadratischen Formen vom Rang $m = n - 1$.

Satz 19: *Sei $k = \frac{n-1}{2}$ und $k \equiv 0(4)$. Wir nehmen an $n > 1$. Dann gilt*

$$E_{\frac{n+3}{2}}^{(n)}(Z, 0) = E_{\frac{n+3}{2}}^{(n)}(Z)^{\mathrm{hol}} - c \cdot (4i)^n \det(\partial_Z)(\vartheta \cdot \log|Y|)$$

mit einer holomorphen Funktion $E_{\frac{n+3}{2}}^{(n)}(Z)^{\mathrm{hol}}$ und der Konstante

$$c = \frac{(k!)^2}{(2k)!(2k+2)!} \cdot \frac{\xi(2)\xi(k)}{\xi(k+2)\xi(2k)\xi(2k+2)}$$

Beweis: Wir verwenden im folgenden die Bezeichnungen von [11], Seite 205ff.

Berechnung von $D_- D_+^{[n]}\vartheta \cdot \log|Y|$: Wie bereits gezeigt ist $D_+^{[n]} = (4\mathrm{i})^n \det(\partial)$. Wir verwenden die Formel

$$\partial_Y^{[p]}|Y|^s = c_p(s)|Y|^s \cdot Y^{-[p]}$$

mit $c_p(s) = s(s+\frac{1}{2})\ldots(s+\frac{p-1}{2})$. Es gilt folglich

$$\partial_Y^{[p]} \log|Y| = \frac{d}{ds}\partial_Y^{[p]}|Y|^s|_{s=0} = c_p'(0)Y^{-[p]}$$

für $p > 0$. Man erhält

$$D_+^{[n]}\vartheta \cdot \log|Y| = (4\mathrm{i})^n \sum_{p+q=n} \binom{n}{p} \partial^{[p]} \log|Y| \sqcap \partial^{[q]}\vartheta \quad .$$

Da ϑ eine singuläre Modulform ist, gilt $\partial^{[n]}\vartheta = 0$. Siehe [11]. Ohne Einschränkung kann daher $p \neq 0$ angenommen werden. Es folgt

$$D_- D_+^{[n]}\vartheta \cdot \log|Y| = -4\mathrm{i}Y\bar{\partial}\left[(4\mathrm{i})^n \sum_{\substack{p+q=n\\ p\neq 0}} \binom{n}{p} (-\frac{\mathrm{i}}{2})^p c_p'(0)Y^{-[p]} \sqcap \partial^{[q]}\vartheta\right] Y \quad .$$

Verwendet man [11] 6.10

$$Y(\widehat{\partial_Y \ldots})Y = -\partial_Y$$

und

$$(\partial_Y)_{uv}\left[\binom{n}{p} Y^{[p]} \sqcap T^{[q]}\right]_b^a = \left[\binom{n-1}{p-1} Y^{[p-1]} \sqcap T^{[q]}\right]_{b-v}^{a-v}$$

für symmetrisches T und $p+q = \mathrm{rang} Y = \mathrm{rang} T$, so erhält man

$$D_- D_+^{[n]}\vartheta \cdot \log|Y| = -2(4\mathrm{i})^n \sum_{\substack{p+q=n\\ p\neq 0}} \binom{n-1}{p-1} (-\frac{\mathrm{i}}{2})^p c_p'(0)Y^{-[p-1]} \sqcap \partial^{[q]}\vartheta \quad .$$

Berechnung von $D_+^{[n-1]}\vartheta$ für $\vartheta \in [\Gamma_n, \frac{n-1}{2}]$:
Es gilt:

$$\begin{aligned} D_+^{[n-1]}\vartheta &= (4\mathrm{i})^{n-1}|Y|^{-\frac{1}{2}}\partial^{[n-1]}|Y|^{\frac{1}{2}}\vartheta \\ &= (4\mathrm{i})^{n-1} \sum_{p+q=n-1} \binom{n-1}{p} (-\frac{\mathrm{i}}{2})^p c_p(\frac{1}{2})Y^{-[p]} \sqcap \partial^{[q]}\vartheta \quad . \end{aligned}$$

Ein Vergleich der beiden letzten Formeln liefert wegen

$$c'_{p+1}(0) = c_p(\frac{1}{2}) \ , \ p \geq 0$$

das Resultat

$$D_- D_+^{[n]} \vartheta \cdot \log |Y| = -4 D_+^{[n-1]} \vartheta \quad . \tag{177}$$

Eine kurze Rechnung ergibt

$$E_- J^{-1}_{\rho_{k+2}}(g) \det(a)^s = s J^{-1}_{\rho_{k+2} \otimes \rho^{[1]*}}(g) \cdot Y \cdot \det(a)^s \tag{178}$$

für $\rho_{k+2} = \det^{\frac{n+3}{2}}$ und

$$E_+^{[n-1]} J^{-1}_{\rho_k}(g) \det(a)^{s+2} = (s+3) \dots (s+n+1) J_{\rho_k \otimes \rho^{[n-1]}}(g)^{-1} \det(a)^{s+2} \cdot Y^{-[n-1]} \quad .$$

Verwendet man die Identifikation $\varphi : V_{\rho^{[n-1]}} \tilde{\rightarrow} V_{\rho_2 \otimes \rho^{[1]*}}$ mit

$$Y \cdot \varphi(Y^{+[n-1]}) = |Y|$$

so erhält man

$$E_+^{[n-1]} J^{-1}_{\rho_k}(g) \det(a)^{s+2} = (s+3) \dots (s+n+1) J_{\rho_{k+2} \otimes \rho^{[1]*}}(g) \cdot Y \cdot \det(a)^s \quad . \tag{179}$$

Zusammenfassend erhält man wegen (178) und (179) die Formel

$$\begin{aligned} E_- E_{\frac{n+3}{2}}(Z,0) &= \lim_{s \to 0} E_- \left[\sum_{C,D} \det(CZ+D)^{-\frac{n+3}{2}} \det(a(\gamma g))^s \right] \\ &= \frac{2}{(n+1)!} E_+^{[n-1]} \lim_{s \to 0} s \left[\sum_{C,D} \det(CZ+D)^{-\frac{n-1}{2}} \det(a(\gamma g))^{s+2} \right] \\ &= \frac{2}{(n+1)!} E_+^{[n-1]} \operatorname*{Res}_{s_\Lambda = s_{\tilde{\Lambda}}} K(g, 1, s_\Lambda) \\ &= \frac{2}{(n+1)!} E_+^{[n-1]} F(1, n, \frac{n-1}{2}) \quad . \end{aligned} \tag{180}$$

Letzteres folgt aus

$$K(g,1,s_\Lambda) = \sum \rho(k_{\gamma g})^{-1} \det(a(\gamma g))^{\delta_{B_n}+s_\Lambda}$$

mit $\delta_{B_n} = \frac{n+1}{2}$ und $s_{\check{\Lambda}} = 1$ für $\check{\Lambda} = (1-k,\ldots,n-k)$ und $k = \frac{n-1}{2}$. Es gilt

$$\begin{aligned}
F(1,n,\frac{n-1}{2}) &= \operatorname*{Res}_{s=\check{\Lambda}} K(g,1,s) \\
&= \operatorname*{Res}_{s=1} \sum_{(C,D)} \rho_k(k_{\gamma g})^{-1} \det(a(\gamma g))^{\frac{n+1}{2}+s} \\
&= \operatorname*{Res}_{s=1} \sum_{(C,D)} J_{\rho_k}(\gamma g)^{-1} \det(a(\gamma g))^{1+s} \\
&= \lim_{s\to 0} s \sum_{(C,D)} J_{\rho_k}(\gamma g)^{-1} \det(a(\gamma g))^{2+s} \quad .
\end{aligned}$$

Aus Satz 18 folgt, daß $F(1,n,\frac{n-1}{2})$ ein konstantes Vielfaches von ϑ ist. Die genaue Konstante ermittelt man durch den nullten Fourierkoeffizienten von $F(1,n,\frac{n-1}{2})$. Eine explizite Rechnung zeigt

$$F(1,n,\frac{n-1}{2}) = a \cdot \vartheta \tag{181}$$

mit

$$\begin{aligned}
a &= 2M(k,k)M(k,k+1)\frac{1}{\xi(2k)} \cdot \frac{\xi(2)}{\xi(2k+2)} \\
&= 2\frac{(k!)^2}{(2k)!} \frac{\xi(k)\xi(2)}{\xi(k+2)\xi(2k)\xi(2k+2)}
\end{aligned}$$

für $n > 1$.

Aus (180) und (181) folgt daher

$$D_- E^{(n)}_{\frac{n+3}{2}}(Z,0) = \frac{4(k!)^2}{(2k)!(2k+2)!} \frac{\xi(2)\xi(k)}{\xi(k+2)\xi(2k)\xi(2k+2)} D_+^{[n-1]}\vartheta \quad . \tag{182}$$

Wegen (177) und (182) wird daher

$$E^{(n)}_{\frac{n+3}{2}}(Z,0) + \frac{(k!)^2}{(2k)!(2k+2)!}\frac{\xi(2)\xi(k)}{\xi(k+2)\xi(2k)\xi(2k+2)}D_+^{[n]}\vartheta \cdot \log|Y|$$

von $\overline{\partial}$ annuliert und ist holomorph. Damit ist Satz 19 gezeigt. □

Bemerkung: Ähnliche Formeln gelten in anderen Fällen von Satz 13.

Literaturverzeichnis

[0] A.N.Andrianov, The multiplicative arithmetic of Siegel modular forms, Russ.Math.Surveys 34:1(1979),75-148

[1] A.N.Andrianov,V.L.Kalinin,On the analytical properties of standard zetafunctions of Siegel modular forms, Math.USSR Sbornik, Vol.35(1979), No.1,1-17

[2] J.Arthur, Eisenstein series and the trace formula, Proc.Symp. Pure Math., Vol 33(1979), part 1,253-274.

[3] S.Böcherer, Über die Fourier-Jacobi-Entwicklung Siegelscher Eisensteinreihen I,II, Math.Z.183, 21-46(1983) und Math.Z.189, 81-110(1985).

[4] S.Böcherer, Über gewisse Siegelsche Modulformen zweiten Grades, Math.Ann.261,23-41(1982).

[5] A.Borel, Introduction to Automorphic Forms, Proc.Symp.Pure Math., Vol.9,1966.

[6] U.Christian, Selberg's Zeta-, L-, and Eisensteinseries, Lecture Notes in Math. 1030(1983).

[7] B.Diehl, Die analytische Fortsetzung der Eisensteinreihe zur Siegelschen Modulgruppe, J.reine angew.Math.317,40-73(1980).

[8] E.Freitag, Thetareihen mit harmonischen Koeffizienten zur Siegelschen Modulgruppe, Math.Ann.254(1980),27-51.

[9] E.Freitag, Die Invarianz gewisser von Thetareihen erzeugter Vektorräume unter Hecke-operatoren, Math.Z.156,141-155(1977).

[10] E.Freitag, Stabile Modulformen, Math.Ann.230,162-170(1977).

[11] E.Freitag, Siegelsche Modulfunktionen, Grundlehren der math. Wissenschaften, Springer 1983.

[12] Harish-Chandra, Automorphic forms on semisimple Lie groups, Lecture Notes in Math.

[13] J.I.Igusa, Modular forms and projective invariants, Am.J.Math.89,817-855(1967).

[14] V.L.Kalinin, Eisenstein series on the symplectic group, Math. of the USSR Sbornik 32,449-476(1977).

[15] M.Kashiwara,M.Vergne, On the Segal-Shale-Weil representations and harmonic polynomials, Inv.math.44,1-47(1978).

[16] H.Klingen, Zum Darstellungssatz für Siegelsche Modulformen, Math.Z.102,30-43(1967); Berichtigung: 105,399-400(1968).

[17] A.W.Knapp,E.M.Stein, Singular integrals and the principal series III,IV, Proc.Nat.Acad.Sci.USA 71,4622-4624(1974); 72,2459-2461(1975).

[18] A.W.Knapp,G.Zuckerman, Normalizing factors and L-groups, Proc.Symp.Pure Math., Vol.33, part 1,93-105(1979).

[19] M.Kneser, Lineare Relationen zwischen Darstellungsanzahlen quadratischer Formen, Math.Ann.168,31-39(1967).

[20] T.Kubota, Elementary Theory of Eisenstein series, Kodansha Tokyo 1973.

[21] R.P.Langlands. On the Functional Equation satisfied by Eisenstein series. Lecture Notes in Math.544,(1976).

[22] R.P.Langlands, Eisenstein series. Proc.Symp.Pure Math.Vol.9(1966).

[23] R.P.Langlands, Euler Products. Yale University Press(1971).

[24] R.P.Langlands, On the classification of irreducible representations of real algebraic groups. mimeographed notes, Inst.of Advanced Study(1973).

[25] H.Maaß, Siegel's Modular Forms and Dirichlet Series, Lecture Notes in Math. 216.

[26] H.Maaß, Lectures on Siegels modular functions, Lecture Notes of Tata Institute of Fundamental Research, Bombay 1954/55.

[27] M.S.Osborne,G.Warner, The Theory of Eisenstein systems, Academic Press 1981.

[28] H.L.Resnikoff, Automorphic forms of singular weight are singular forms, Math.Ann.215,172-193(1975).

[29] S.Raghavan, On an Eisensteinseries of degree 3, J.Indian Math. Soc.39,103-120(1975)

[30] G.Shimura, On Eisenstein series, Duke Math.J.,Vol.50,No.2, 417-476(1983).

[31] D.A.Vogan, Representations of real reductive groups, Progress in Math.,Vol.15, Birkh"auser Verlag 1981.

[32] N.R.Wallach, Representations of reductive Liegroups, Proc Symp.Pure Math.,Vol.33,part 1,71-86(1979).

[33] R.Weissauer, Vektorwertige Modulformen kleinen Gewichtes, J.reine angew.Math.343,184-202(1983).

[34] R.Weissauer, Eisensteinreihen vom Gewicht n+1 zur Siegelschen Modulgruppe n-ten Grades, Math.Ann.268,357-377(1984).

[35] E.Witt, Eine Identität zwischen Modulformen zweiten Grades, Math.Sem.Hans.Universität 14,323-337(1941).

Symbolverzeichnis

$\mathbf{H}_n$	1
Φ	1
$E_k^{(n)}$	2
V_ρ, ρ	8
$\vartheta_{S,P}$	5
Γ_n	7
$[\Gamma, \rho]$	8
$B_{n,\rho}(m)$	5
Φ^r	8
M_n	9
$M_\infty, M_\infty(\rho)$	9
e_{ij}	10
$\pi(\rho)$	12
$\rho(\pi)$	12
$H_{m,n}$	11
$H_{m.n}(\rho)$	13
Σ_n	11
$\vartheta_{S,P}^{(n)}$	14
$E(S_\nu)$	14
S_ν	13
$k(\rho)$	7,9
$\mathcal{H}_n$	17
$\mathcal{G}, \mathbf{p}_-, \mathbf{p}_+, k$	23
$M_{m,n}(\mathbb{C})$	11
$\rho^{[\mu]}$	27
$T^{[\mu]}$	27
E_-, E_+	24
$E_-^{[\mu]}$	28
v_μ	25
w_μ	25
E_ρ	29
$J_\rho(g)$	30
D_{ρ_-}	31
$\partial, \bar{\partial}$	32
$D^{[\mu]}$	33
$F(g, \underline{s})$	35
K	23
B_n^+	35
$\chi(E, s)$	36
$\check{C}$	45
$c(\rho)$	45
C	45
$\mathcal{A}(\Gamma, I, \rho)$	48
$\mathcal{A}[\Gamma, I, \rho]$	48
$\mathbf{x}(\rho)$	49
$\{\Gamma, \mathbf{x}(\rho), \rho\}$	49
$\mathcal{Z}$	48
$\mathcal{U}(g)$	48
$(\mathbb{R}^n)^+$	51
$\mathcal{H}^{(r)}$	51
$0^{(r)}$	51
$\Phi^{(r)}$	51
κ, κ_r	52
$\bar{\Phi}_n^{(r)}$	52
$\doteq$	53
$\dot{\geq}$	53
$\mathbf{A}$	59
$\mathbf{P}$	59
$\mathbf{M}$	59
$\mathbf{N}$	59

$\mathbf{a}$	59
$\Gamma_{\mathbf{P}}$	59
$\Gamma_{\mathbf{M}}$	59
$W(\mathbf{a}_i, \mathbf{a}_i)$	60
$\mathcal{A}_0(\Gamma, \chi, \rho)$	60
$\mathcal{T}$	60
$V(\mathcal{T})$	60
$\mathcal{E}(\mathcal{T}, \rho)$	60
$\Sigma(P, A)$	61
$\delta = \delta_P$	61
$E(\rho, \phi, \Lambda)$	61
${}^{\dagger}P, {}^{\bullet}P$	62
$\mathcal{A}^2_{\{P\},\{V\}}$	64
$\mathrm{Res}_{\mathcal{H}}$	65
$PW(R)$	65
$[\mathcal{H}]$	65
$\mathbf{B}_r$	68
$\mathbf{P}_r$	68
$\mathbf{a}_r^*$	68
M_r	68
$\mathcal{E}_{\mathrm{hol}}(\rho', \rho)$	71
$\mathcal{E}(\rho', \rho)$	70
φ_P	75
pr	74
ι	74
ρ, ρ', k, r	76
$\hat{\Lambda}, \check{\Lambda}, {}^{\circ}\Lambda$	76
$\hat{w}, \check{w}$	76
$\tilde{\varphi}_f$	76
Δ	76
χ_Λ	76
$(\mathbf{a}_r^*)^+$	77
${}^+(\mathbf{a}_r^*)$	77
$\varsigma(g, \Lambda)$	77
$K(g, \phi, s)$	78
$F(f, n, k)$	78
σ_ε	80
C_ϵ	80
$\tilde{K}(g, \phi, s)$	80
$\mathcal{E}[\rho', \rho]$	81
$\tilde{\rho}$	82
$L(g, \phi, s)$	83
$M(w, \Lambda)$	84
$M(s)$	84
$\varsigma(s)$	84
$\xi(s)$	84
$M_\alpha(\Lambda)$	84
$N(w, \Lambda)$	85
$\tilde{W}(\mathbf{a}_r, \mathbf{a}_r)$	86
$M(g, \varphi_f, s)$	88
Λ_0	97
W_Ψ	97
${}^{\circ}w$	98
$\mathbf{M}, P_+, P_-$	99
ν_ψ	98
ϕ_Ψ	97
n_{krit}	97
$\overline{w}$	106
$[\Gamma_n, \rho]_r$	108
$M(\rho, \Lambda)$	113
P^{opp}	113
${}^{\circ}\mu_p, \mu_p(s)$	114
$\alpha_{\nu,P}$	115
ς_f	116
$M_\infty(\Lambda)$	117

Schlagwortindex

Adelgruppe	112
äquivarianter Differentialoperator	31, 33
assoziiert	60, 61, 64, 69
automorphe Form	48, 60, 64-66, 70
Casimiroperator	45, 49, 67, 95
Darstellungssatz	18, 19
Differentialoperator	29, 81
Eigenwertgleichung	36, 41, 49
einfach zulässiger Raum	60, 64, 70, 71
Eisensteinlift	78, 97, 108, 109, 123
Eisensteinreihe	17, 61-64, 66, 76-78, 100, 106, 108, 112, 123, 131, 137
Endpunkt	54, 56-58, 65, 66, 91, 95, 109
entartet	51, 52, 58, 65, 66, 91, 95
L-Funktion	116, 122, 131, 134, 135
Funktionalgleichung	62, 85, 86, 92, 99
Gewicht	7, 9, 12, 14, 21, 50, 75, 76, 117, 118, 120, 126, 128, 130, 135, 137
harmonische Form	11, 14
Heckealgebra	17, 112, 134, 136
Höchstgewicht	7, 8, 25, 35, 36, 43, 45, 72, 82
holomorph diskrete Serie	120
holomorph zulässiger Raum	71
induzierte Darstellung	115, 118, 121
Klingensche Eisensteinreihe	78, 81, 82, 87, 96, 97, 100, 106, 108, 145
konvexe Hülle	63
kritischer Wert	97
Liften harmonischer Formen	11
Liftung	15-17, 50, 71, 72, 75, 78, 81, 84, 87, 94, 97-100, 117, 120-131
Φ-Operator	1, 4, 8-10, 14, 17, 87, 106, 108, 134
Paley-Wiener Raum	65
pluriharmonisch	11, 15, 18, 19, 22
Projektor	99
Ramanujan-Vermutung	120

Satakeparameter	134
Schottkyrelation	19-21
Selbergsche Zetafunktion	77, 78, 83, 93
Siegelscher Hauptsatz	131, 133
singuläre Modulform	9, 15, 135, 138
stabile Darstellung	9, 12-14, 16, 18
stabile Modulform	7, 9, 14, 15, 126-130
Standardliftung	15, 17, 87, 130
Thetareihe	16-22, 120, 130, 132-135
Typ I, II, III	51, 53, 56-58, 91
unverzweigt	114, 115
Voganklassifikation	121
Wurzeln	61, 68, 69, 84, 114, 115
Wurzelräume	68, 69
zulässige Hyperebene	52, 65
zulässige Darstellung	45, 46, 49, 117